图说建筑施工口袋书·钢筋工操作技术

主　编　唐晓东

编　委（按姓氏笔画排序）

马文颖　王丽娟　吕文静　刘艳君

孙丽娜　李　东　陈高峰　张　鸢

张　楠　张黎黎　赵　慧　赵

金盾出版社

内 容 提 要

本书内容主要包括钢筋材料的基本知识、钢筋的加工、钢筋的连接及钢筋工现场操作注意事项等。本书以图为主,用漫画的形式图文并茂地介绍建筑施工钢筋工技术知识及安全知识等,画面生动,通俗易懂,简明易学,携带方便,融知识性、趣味性和可读性于一体。

本书是建筑业钢筋工学习和提高作业技能的好帮手,适合作为农村劳动力转移的培训用书和相关企业的岗位培训用书。

图书在版编目(CIP)数据

钢筋工操作技术/唐晓东主编. —北京:金盾出版社,2014.1
(图说建筑施工口袋书)
ISBN 978-7-5082-8529-0

Ⅰ.①钢… Ⅱ.①唐… Ⅲ.①建筑工程-钢筋-工程-施工-图解 Ⅳ.①TU755.3-64

中国版本图书馆 CIP 数据核字(2013)第 149730 号

金盾出版社出版、总发行
北京太平路 5 号(地铁万寿路站往南)
邮政编码:100036 电话:68214039 83219215
传真:68276683 网址:www.jdcbs.cn
封面印刷:北京盛世双龙印刷有限公司
正文印刷:双峰印刷装订有限公司
装订:双峰印刷装订有限公司
各地新华书店经销
开本:880×1230 1/64 印张:1.6875 字数:47 千字
2014 年 1 月第 1 版第 1 次印刷
印数:1～8 000 册 定价:5.00 元

前言

在我国,农村富余劳动力较多,部分农民将劳动力转移到城市和城镇中,把农村人口压力转变为城市的人力资源优势。但是在农民工进城务工的过程中遇到很多难题,如不少农民工由于没有经过正规的职业技术培训,缺少专业技能,不懂得安全生产知识,从而严重影响了他们自身的发展和企业的竞争力。因此,提高农民工的作业技能是十分必要的。

本书在内容编排上力求知识实用易懂,注重实际操作技能的训练;在内容编写上文字简洁,做到图文并茂,使初学者能够一目了然,易学易懂。

目　录

1　钢筋材料的基本知识 ………………………………… 1

1.1　钢筋在构件中的配置 ………………………………… 2

1.2　钢筋的分类 ………………………………… 14

1.3　钢筋的现场保管 ………………………………… 18

2　钢筋的加工 ………………………………… 25

2.1　钢筋的调直 ………………………………… 26

2.2　钢筋的除锈 ………………………………… 34

2.3　钢筋的切断 ………………………………… 38

2.4　钢筋的弯曲成型 ………………………………… 43

3　钢筋的连接 ………………………………… 49

3.1　钢筋的焊接 ………………………………… 50

3.2　钢筋的机械连接 ………………………………… 69

4　钢筋工现场操作注意事项 ………………………………… 91

1 钢筋材料的基本知识

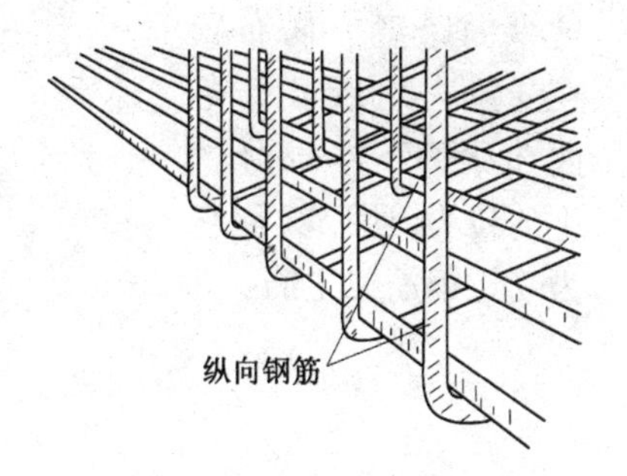

1.1 钢筋在构件中的配置

1. 梁内钢筋的配置

钢筋混凝土梁式抗弯构件，其梁内钢筋根据形势不同，一般可分为纵向钢筋、弯起钢筋、箍筋等几种。

纵向钢筋是沿梁的纵向跨度方向布置在受拉区，承受由于弯曲在梁的下半部分产生的拉力，所以又称它为受拉钢筋或主筋。

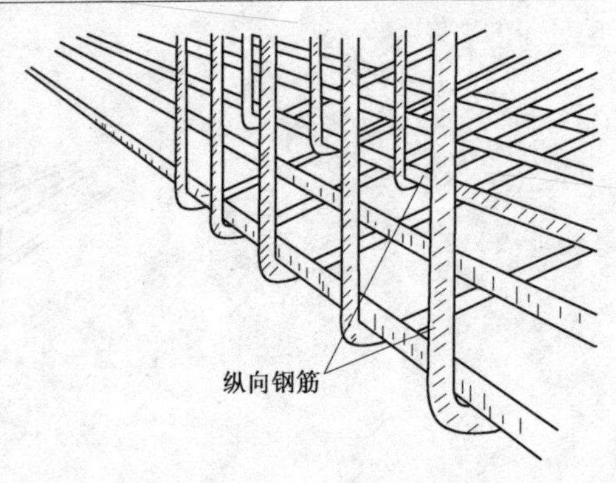

梁中弯起钢筋端部构造如下：

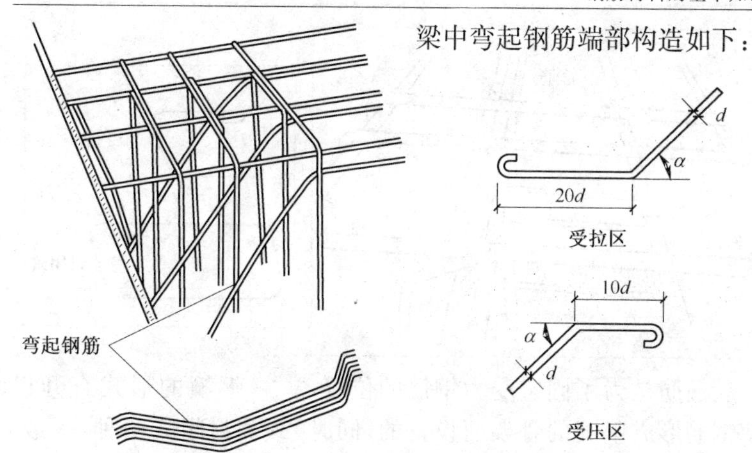

弯起钢筋是为了抵抗梁的端部附近由于受弯和受剪而产生的斜向拉应力，需将下部部分受拉钢筋的两端弯起，伸入上部来承受这部分拉力。钢筋弯起角度一般为 45°或 60°。

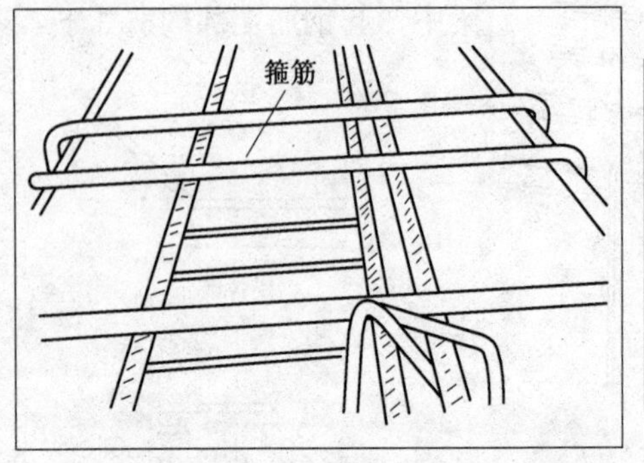

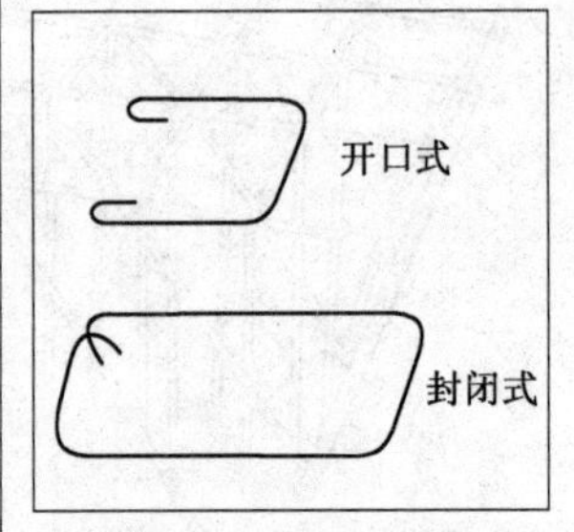

箍筋是为了固定受力钢筋的位置，使钢筋形成坚固的骨架而设置的，同时它又可以承受剪力，以满足斜截面强度的需要。对限制斜裂缝的宽度、防止斜截面的破坏比较有效。

钢箍的形式有开口式和封闭式两种，一般常用的是封闭式。

梁中的箍筋、腰筋与拉筋布置如下图：

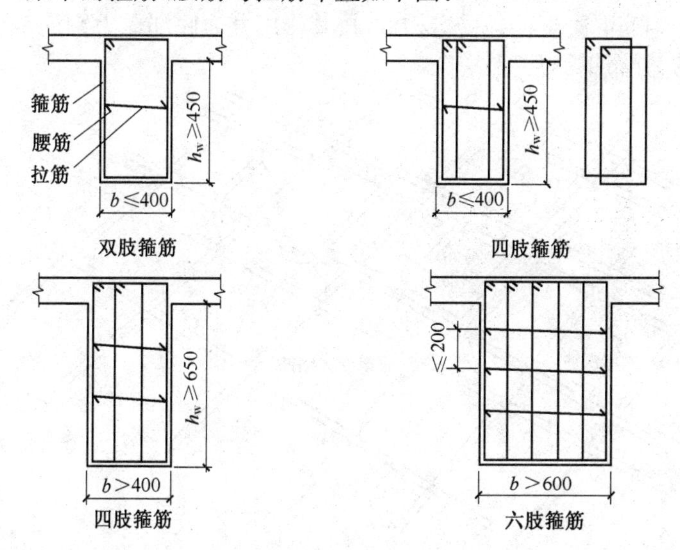

2. 板内钢筋的配置

钢筋混凝土板是受弯构件,按其作用分为底部受力钢筋、上部钢筋、分布钢筋几种。

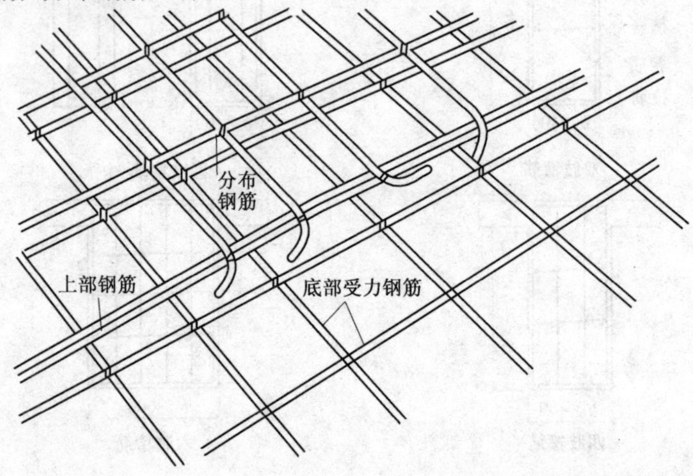

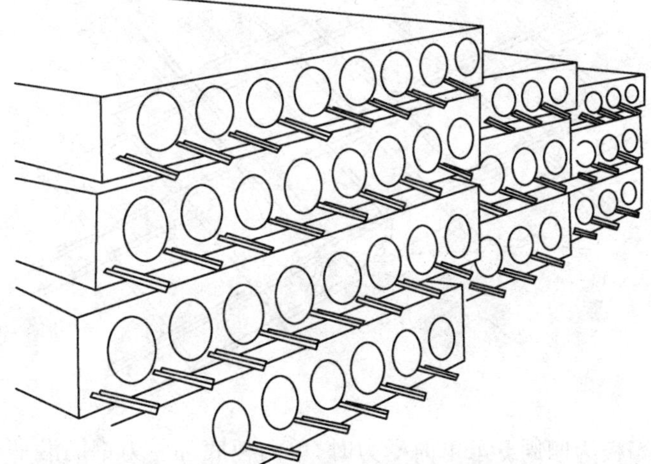

底部受力钢筋主要用来承受拉力。悬臂板及地下室底板等构件的受力钢筋，配置在板的上部，当板为两端支承的简支板时，其底部受力钢筋沿平行跨度布置。

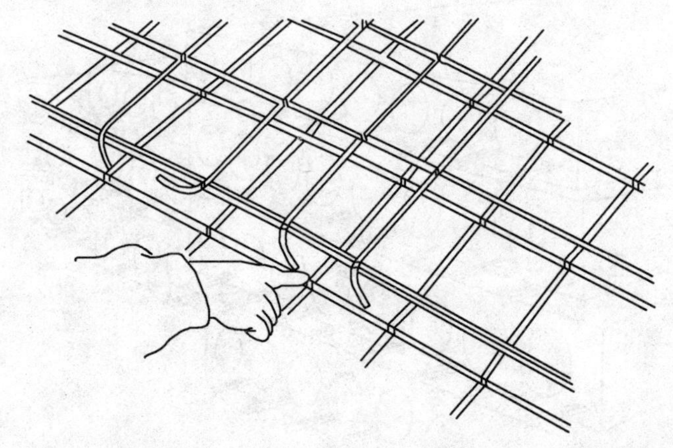

当板为四周支承单向受力时，单向板底部受力钢筋沿平行短边方向配置；当板为四周支承双向受力时，双向板底部纵横两个方向均为受力钢筋。

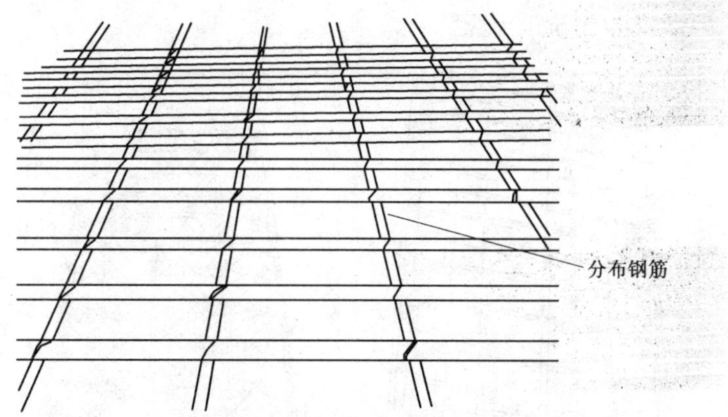

分布钢筋主要用来使作用在板上的荷载能均匀地传递给受力钢筋，抵抗由温度的变化和混凝土的收缩，在垂直于板跨方向所产生的应力，同时，它还与受力钢筋绑扎在一起，组合成骨架，防止受力钢筋在混凝土浇筑、倒置时产生位移。

3. 柱内钢筋的配置

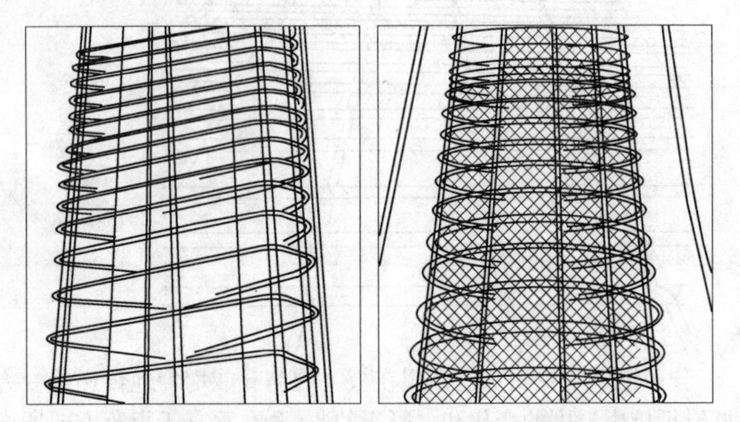

柱是承受压力和弯矩的构件，根据配置的钢筋不同，柱可分为两种基本形式：配有纵向钢筋和箍筋的柱叫做普通箍筋柱；配有纵向钢筋、螺纹箍筋或者焊环箍筋的柱叫螺旋箍筋柱。

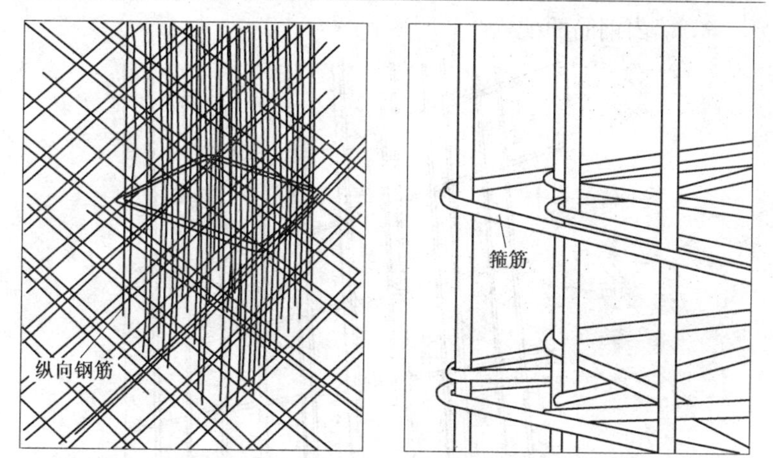

柱中纵向钢筋用来帮助混凝土承受压力，柱中配置的箍筋能阻止混凝土横向变形，有助于提高混凝土的抗压强度，还可以使纵向钢筋定位，组成钢筋骨架。柱内的箍筋应做成封闭式。

4. 墙内钢筋的配置

钢筋混凝土墙体内根据计算要求可配置单层或双层钢筋网片。钢筋网片主要由竖筋和横筋组成。竖筋的作用是承受水平荷载对墙体产生的拉应力;横筋的作用是固定竖筋的位置,并且能承受一定的剪力。

在采用双层钢筋网片时，为了保证钢筋的位置正确、间距固定，通常在两层钢筋网片之间设置撑铁。

1.2 钢筋的分类

按钢筋在构件中的作用,可将钢筋分为受力钢筋和构造钢筋两种。受力钢筋也称主筋,是指构件在外部荷载作用下,通过结构计算得出的构件在正常工作状态下所需要配置的钢筋,这类钢筋有受拉钢筋、弯起钢筋、受压钢筋等。构造钢筋是为了满足钢筋混凝土的构造要求和考虑计算与实际施工中的偏差而配置的钢筋,它包括分布筋、箍筋、架立筋、横筋和腰筋等。

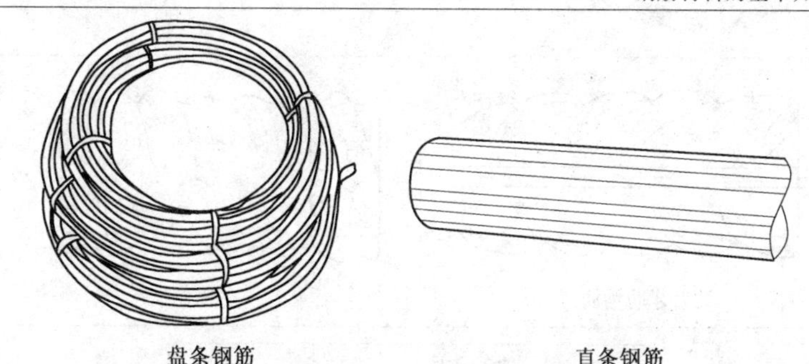

盘条钢筋　　　　直条钢筋

工厂轧制的钢筋外形主要分为光圆钢筋、带肋钢筋、钢丝以及钢绞线。光圆钢筋表面光滑而截面成圆形，光圆钢筋又分为盘条钢筋和直条钢筋两种；带肋钢筋是指在钢筋表面轧制有一定纹路的钢筋，它又可分为月牙肋钢筋和等高肋钢筋等；直径在5mm以下的钢筋被称为钢丝，钢丝又有碳素钢丝和冷拔低碳钢丝之分；钢绞线是将7根直径为2.5～5mm的碳素钢丝在绞线机上进行螺纹形绞绕而成的钢丝束。

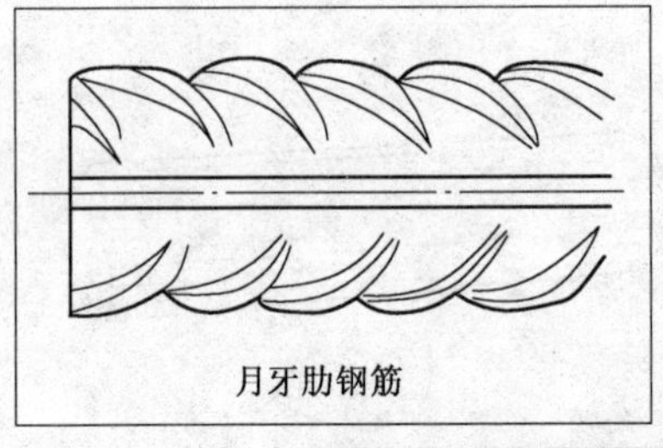
月牙肋钢筋

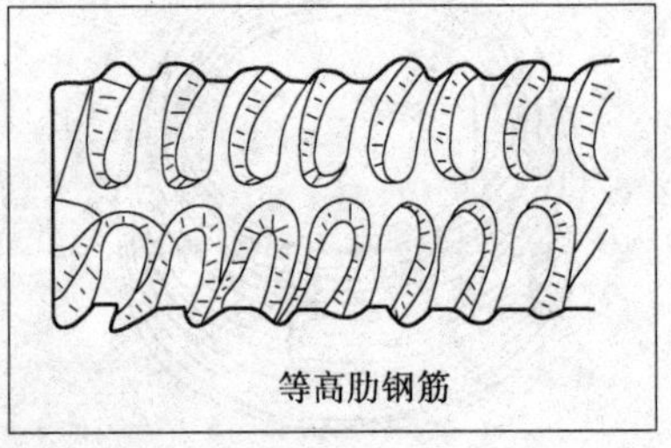
等高肋钢筋

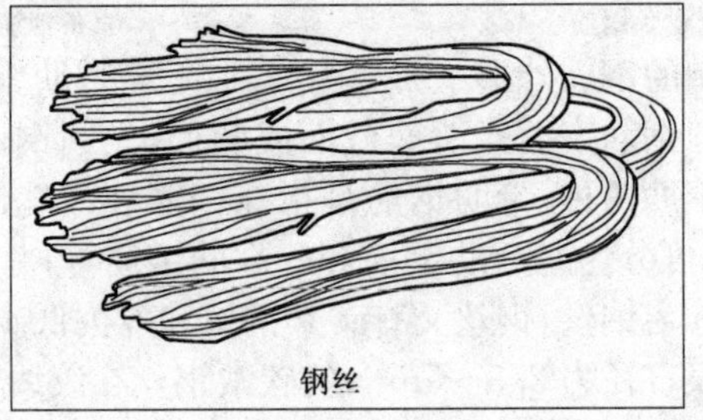
钢丝

建筑工程中用量最大的是经过热轧而成的光圆钢筋或带肋钢筋，称为热轧钢筋。热轧钢筋强度主要分为三个等级：HPB300 级钢筋，目前通指 3 号钢筋，常用于普通钢筋混凝土构件；HRB335 级钢筋，主要用于普通钢筋混凝土构件中的受力钢筋；HRB400 级钢筋，因含碳量较大在建筑工程中很少使用。

1.3 钢筋的现场保管

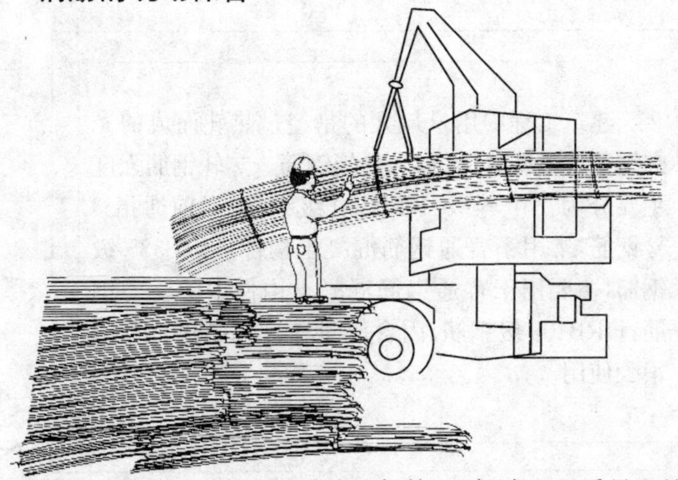

钢筋运进现场后，要进行妥善的保管，以保确工程质量和施工进度，避免不必要的人力浪费。

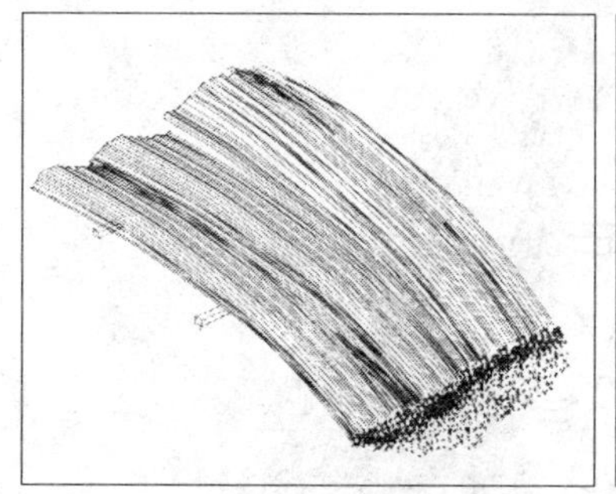

钢筋应堆放在仓库或料棚内，如果条件不具备，也可露天堆放，但必须选择地势较高、土质坚实、排水良好、比较平坦的场地。

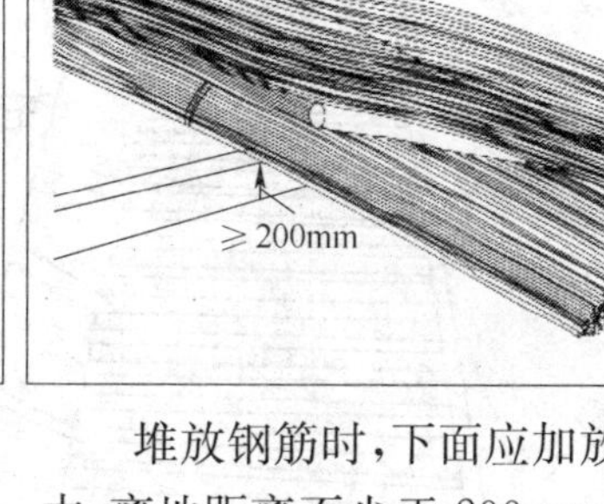

堆放钢筋时，下面应加放垫木，离地距离不少于200mm，以便通风，防止钢筋锈蚀、污染。

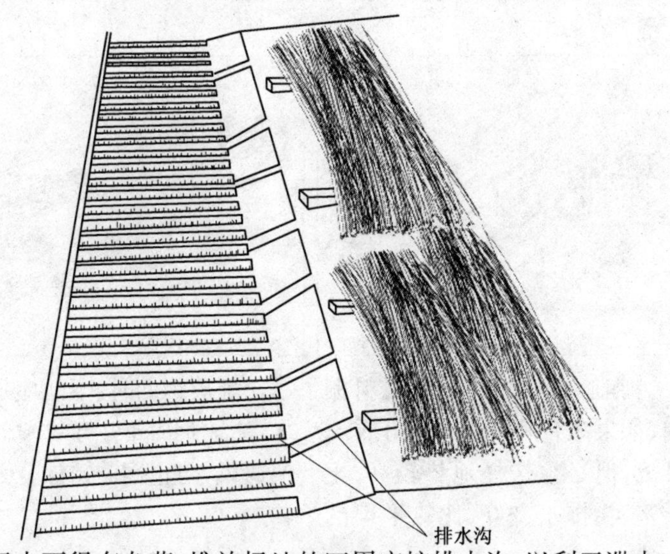

场内不得有杂草，堆放场地的四周应挖排水沟，以利于泄水。

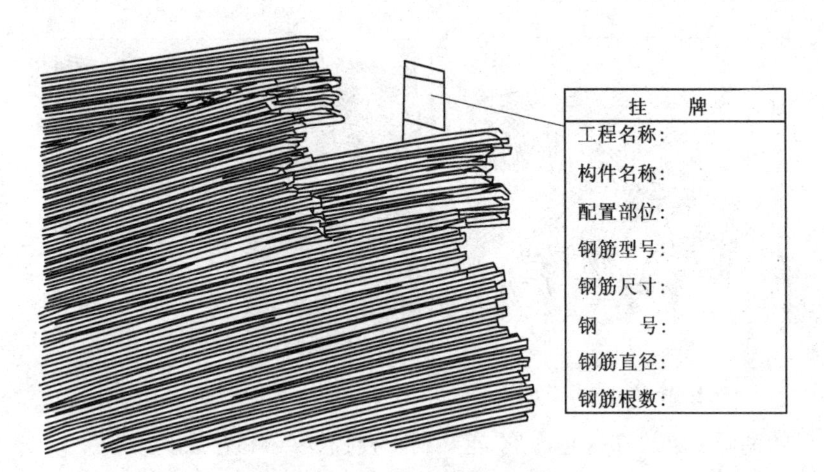

现场存放的钢筋要按规格、型号分别挂牌堆放，牌上应注明工程名称、构件名称、配置部位、钢筋型号、尺寸、钢号、直径和根数。

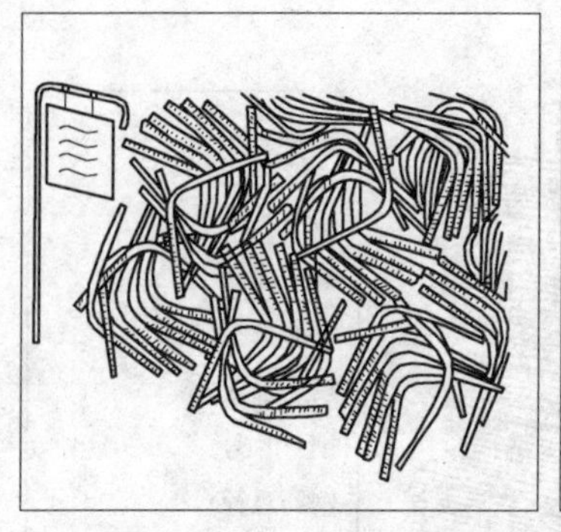

同一项工程、同一种类型的钢筋要堆放在一起，切不能将几项工程的钢筋混放在一起，以免引起混乱造成工程质量事故或影响工程进度。

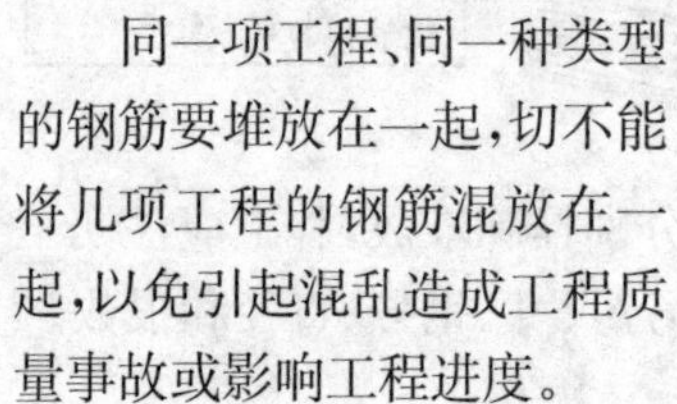

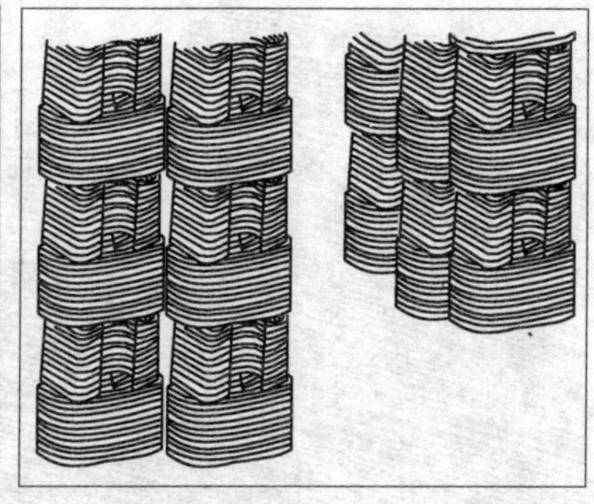

钢筋堆垛之间应留出通道，以利于查找、取运和存放。

钢筋不得与酸、盐、油等物品存放在一起，堆放钢筋地点附近不得有有害气体源，以防腐蚀钢筋。

钢筋应设专人管理，要建立严格的验收、保管和领取管理制度。

2　钢筋的加工

2.1 钢筋的调直

在施工现场盘圆钢筋使用前必须经过放圈调直,施工现场钢筋调直的方法有两种,卷扬机调直和机械调直。

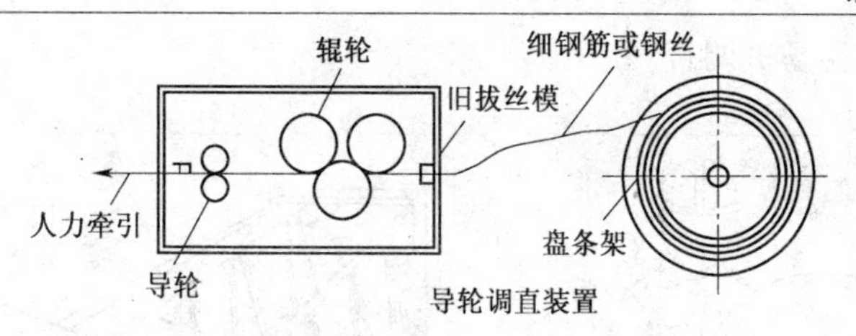

导轮调直装置

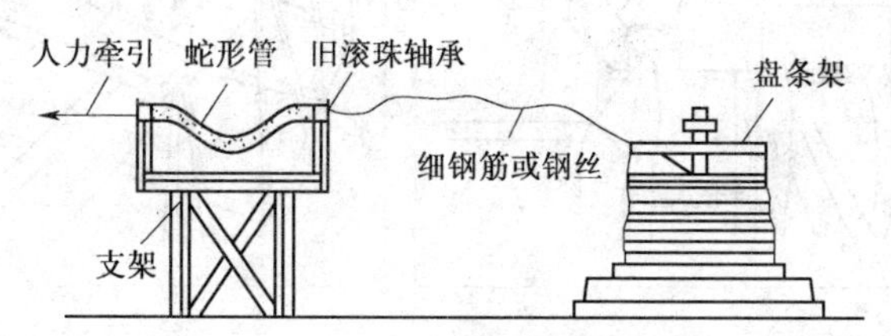

蛇形管调直装置

在缺乏调直设备时，粗钢筋可采用弯曲机、平直锤或用卡盘、扳手、锤击矫直；细钢筋可用绞盘(磨)拉直或用导车轮、蛇形管调直装置来调直。

1. 卷扬机调直

直径在 10mm 以下的 I 级盘圆钢筋可以采用卷扬机调直。

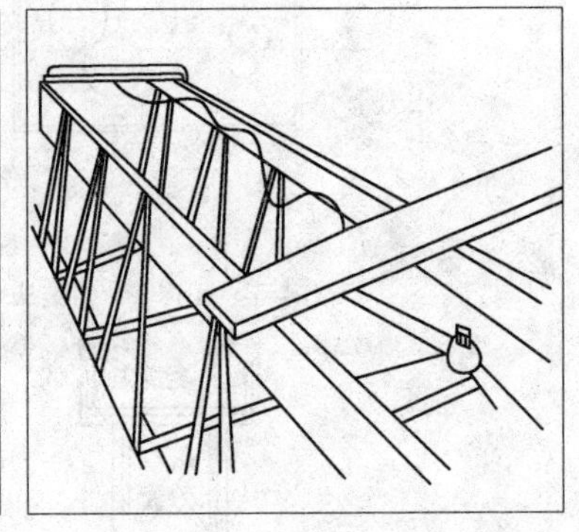

卷扬机调直能够同时完成除锈、拉伸、调直三道工序。

2. 机械调直

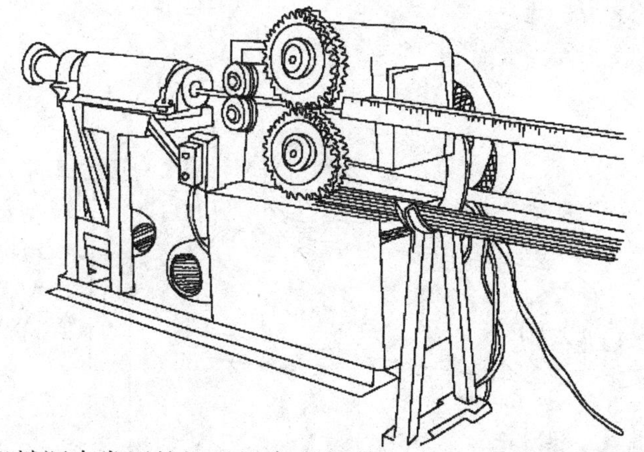

机械调直常用的机具设备是钢筋调直机，它是用来调直细钢筋和冷拔低碳钢筋的机械。

钢筋调直机在操作中已经能够实现除锈、调直和切断三道工序一次完成。

操作钢筋调直机时，应该注意以下事项：

(1)不要随意抬起传送压滚。

(2)盘圆钢筋置于放圈架内，要平稳整齐，若有乱丝或钢筋脱架现象应立即停车处理。

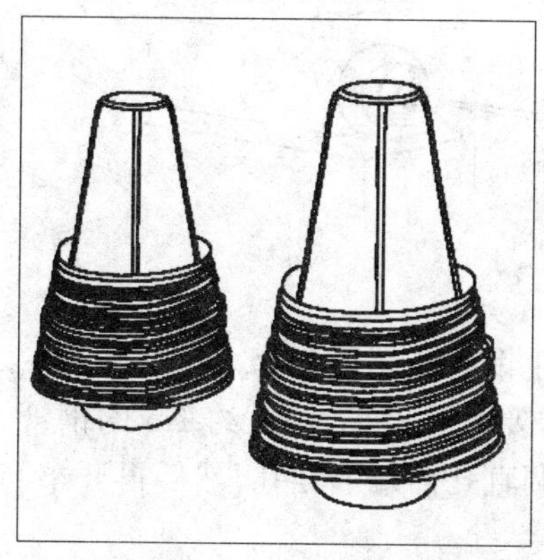

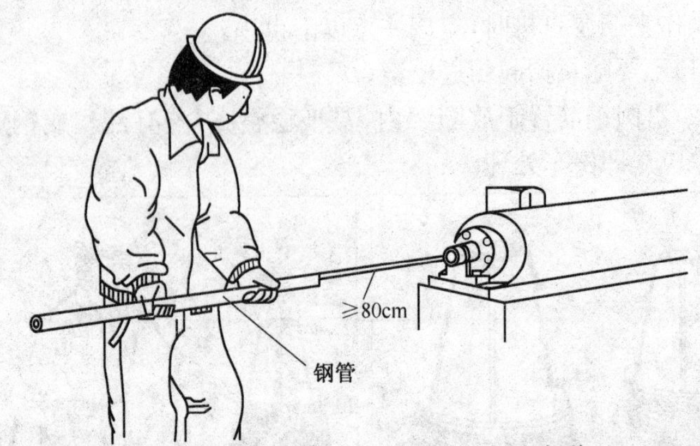

盘钢筋调直到末尾时，要防止钢筋尾端甩弯伤人。正确的做法是当盘圆钢筋还有约 80cm 时，要暂时停车，用长约 1m 的钢管套入钢筋的末端，手持钢管顶紧调直孔前端的导孔，然后再开车，让钢筋的尾端顺利地通过调直孔。

(3)已经调直的钢筋应按规格、根数绑捆挂牌，堆放整齐。

(4)调直机应设置防护罩和挡板，以防钢筋伤人。

2.2 钢筋的除锈

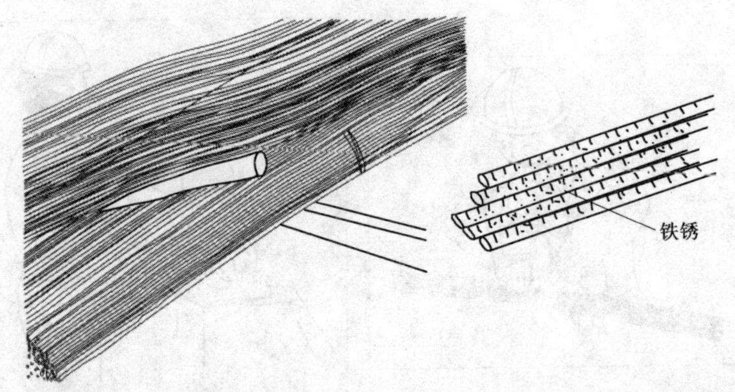

在自然环境中,钢筋表面接触到水和空气就会在表面结成一层氧化铁,这就是铁锈。生锈的钢筋不能与混凝土很好地粘结,从而影响钢筋与混凝土的共同工作。

钢筋除锈的方法有：

1. 人工除锈

人工除锈，通过使用钢丝刷、破麻袋、砂盘等轻擦钢筋，或将钢筋在砂堆上来回拉动进行除锈。

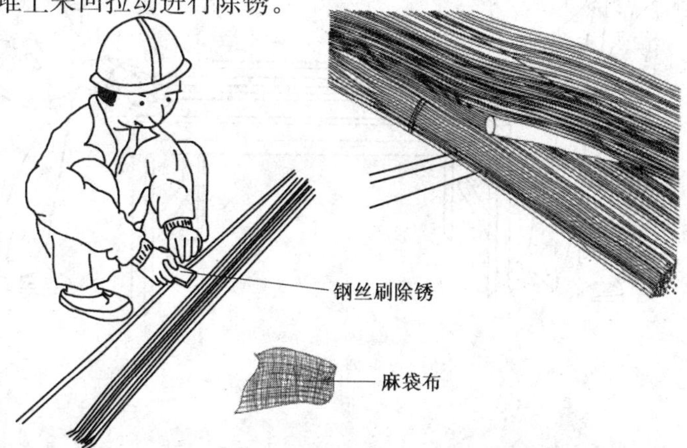

沙盘除锈

2. 钢筋除锈机除锈

钢筋除锈机除锈，对于直径较细的盘条钢筋，通过冷拉和调直过程就可自动除锈，而粗钢筋则采用圆盘钢丝刷除锈机进行除锈。

2.3 钢筋的切断

钢筋经过调直后就可以按照图纸要求的下料长度进行切断了。钢筋切断前应有计划,要精打细算。

首先要根据钢筋配料单，复核料牌上所标注的钢筋直径尺寸、根数是否正确，然后根据工地库存钢筋情况做好下料方案。

各种钢筋下料长度的计算可按下列方法：

直钢筋下料长度＝构件长度－保护层厚＋弯钩增加长度

弯起钢筋下料长度＝直段长度＋斜段长度－弯曲调整值＋弯钩增加长度

箍筋下料长度＝箍筋外皮周长（或箍筋内皮周长）＋箍筋调整值

应做到长料长用，短料短用，按照先断长料、后断短料的原则进行切断，尽量减小损耗。

在测量钢筋长度时，应避免使用短尺量长料，以防止产生累积误差。

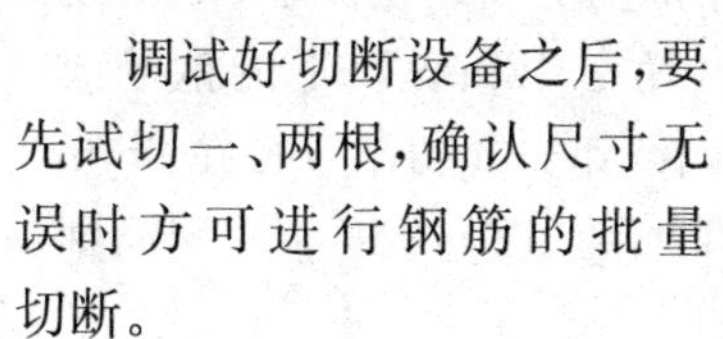

调试好切断设备之后，要先试切一、两根，确认尺寸无误时方可进行钢筋的批量切断。

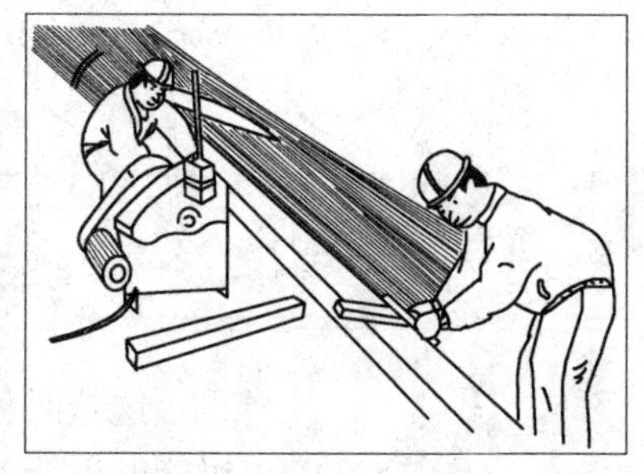

钢筋的切断方法分为机械切断和人工切断两大类，这是机械切断法。

这是人工切断法，人工切断的常用方法是断线钳切断。

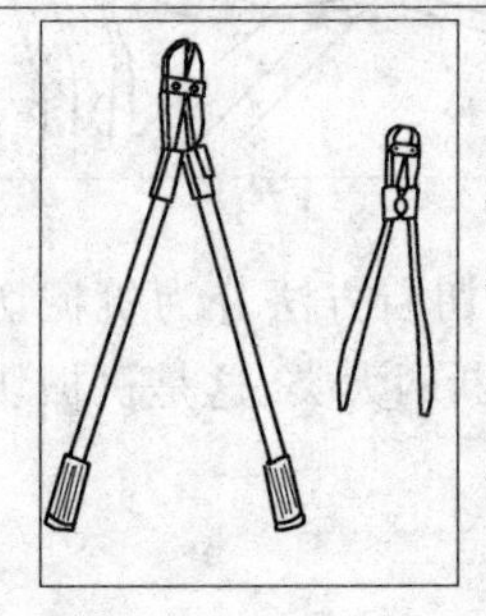

这是两种常用的断线钳，较大的断线钳能够剪断直径在 12mm 以下的钢筋或钢丝；较小的断线钳只能切断直径在 6mm 以下的钢丝，直径在 12mm 以上的钢筋则用机械切断。

2.4 钢筋的弯曲成型

弯曲成型工具是将已切断配好的钢筋按照设计图纸的要求加工成规定的形态尺寸。钢筋弯曲成型的顺序是先划线，然后试弯，最后弯曲成型。具体步骤如下：

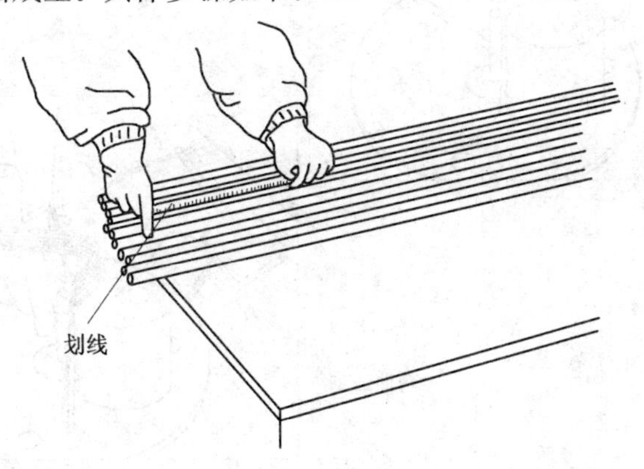

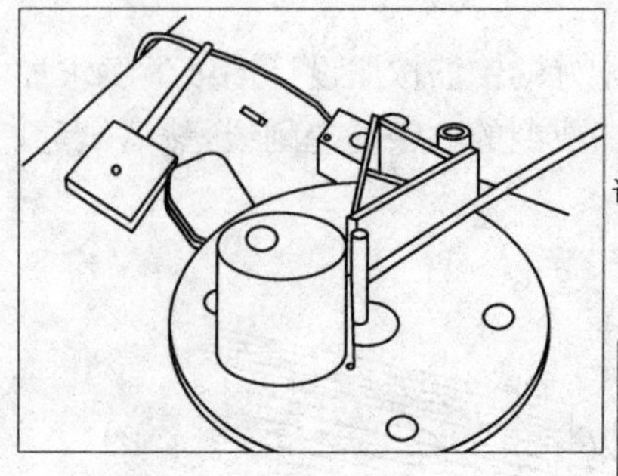
试弯

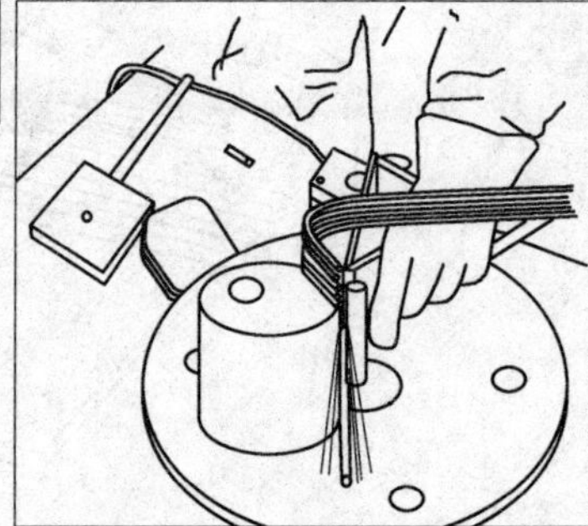
弯曲成型

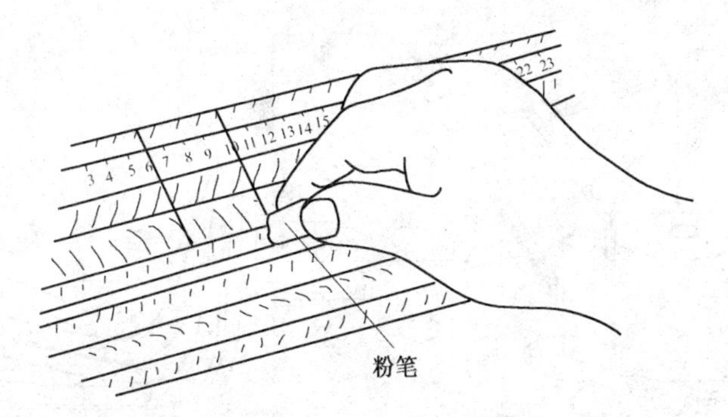

划线主要是根据不同的弯曲角度在钢筋上标出应该弯折的部位，现场小批量的钢筋加工常常采用简便的划线方法，也就是在划钢筋的分段尺寸时将不同角度的弯折量误差在弯曲操作方向相反一侧的长度内扣除，划上分段尺寸线，即弯曲点线。

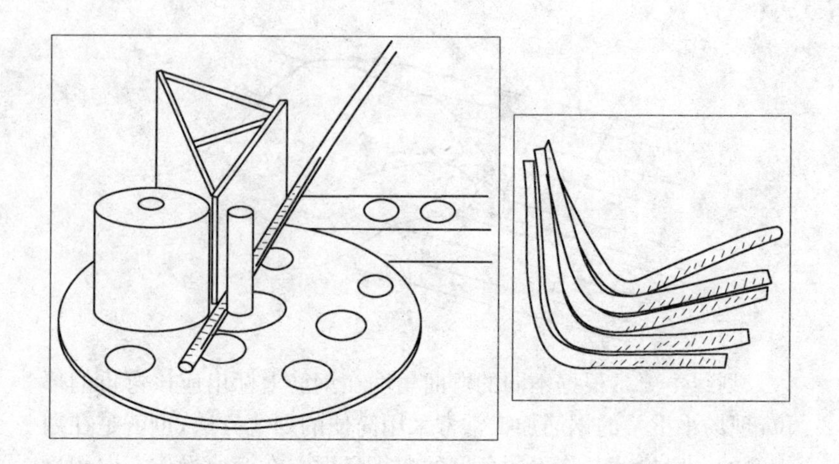

然后根据弯曲点线并按规定方向进行弯曲成型，成型后的钢筋基本与设计图纸要求的尺寸相符。

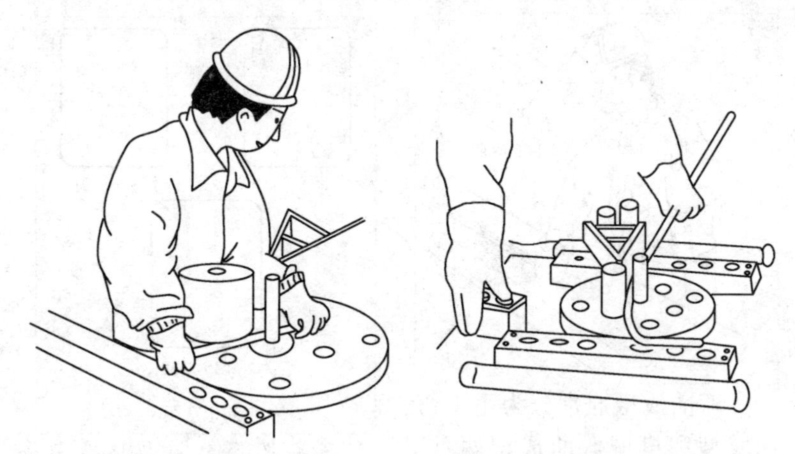

当弯至形状比较简单或者同一形状根数较多的钢筋的时候，我们可以在工作台上按照各段尺寸的要求固定若干个标志，然后按照这个标准逐个弯曲成型。这样做的效率较高，速度较快。

弯曲成型通常分为手工弯曲成型和机械弯曲成型两种。直径在10mm以上的粗钢筋采用机械弯曲；直径在10mm以下的细钢筋则采用手工弯曲。

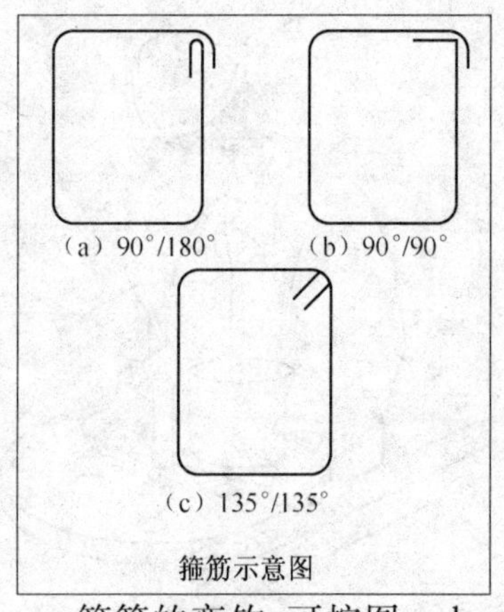

箍筋示意图

箍筋的弯钩，可按图a、b、c加工，对有抗震要求和受扭的结构，应按图c加工。

3 钢筋的连接

3.1 钢筋的焊接

常用钢筋的焊接方法有钢筋对焊、点渣压力焊、电弧焊、电阻点焊等。

1. 钢筋对焊

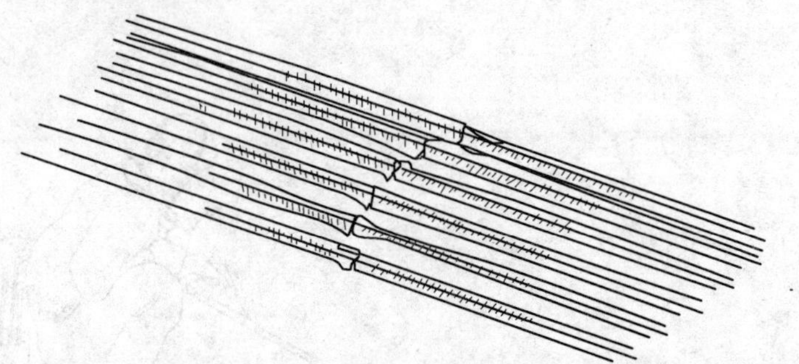

钢筋对焊是目前建筑工程中大量采用的接头焊接方式，常用于钢筋接长以及预应力钢筋和螺丝端杆的焊接。

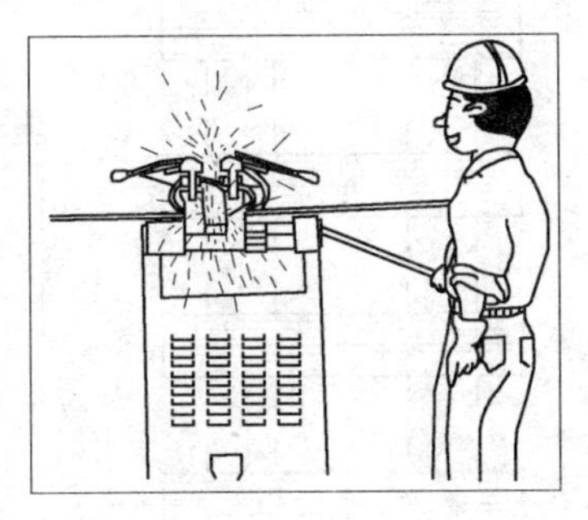

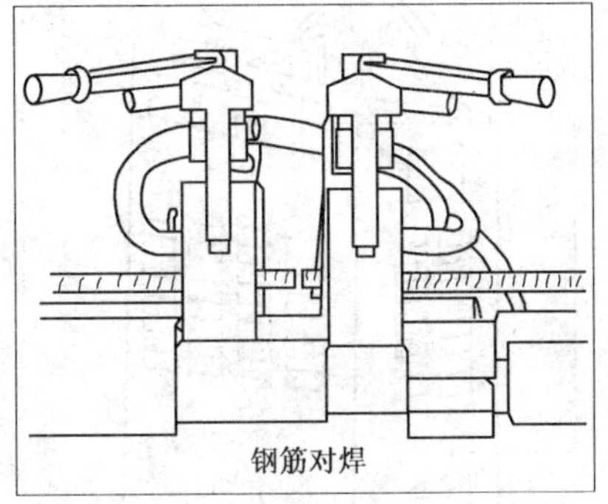

钢筋对焊

钢筋对焊的原理是：利用对焊机使两端钢筋相接处通过低电压的强电流，使钢筋加热，等到钢筋加热到一定温度变软后，再进行轴向加压顶锻，形成对焊接头，从而将两段钢筋牢固地焊接在一起。

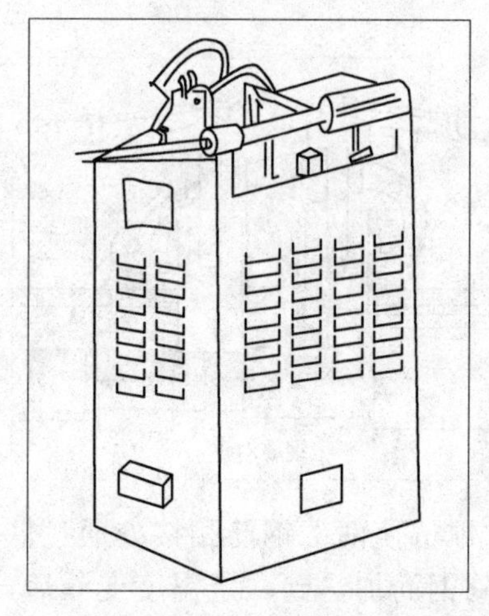

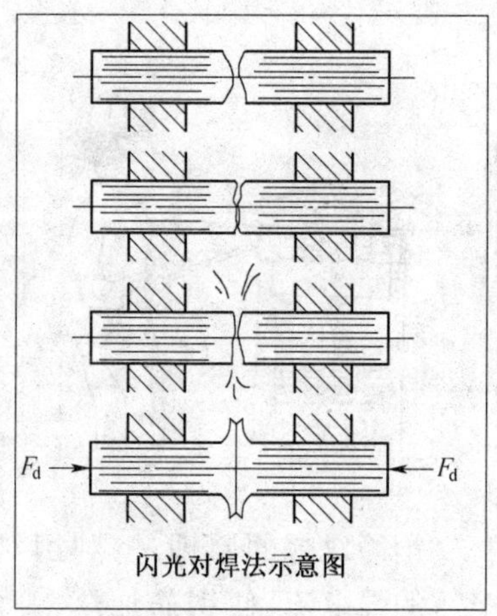

闪光对焊法示意图

目前建筑工地上常见的钢筋对焊机是闪光对焊机，闪光对焊工艺可分为连续闪光焊、预热闪光焊和闪光预热闪光焊三种。

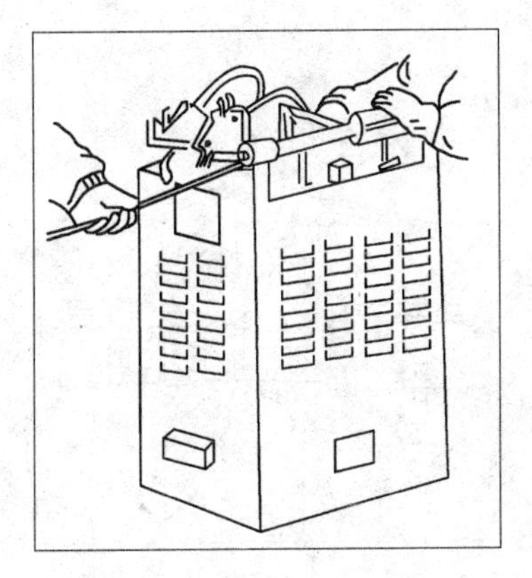

连续闪光焊是将两根钢筋分别加在电焊机的两个电极上。

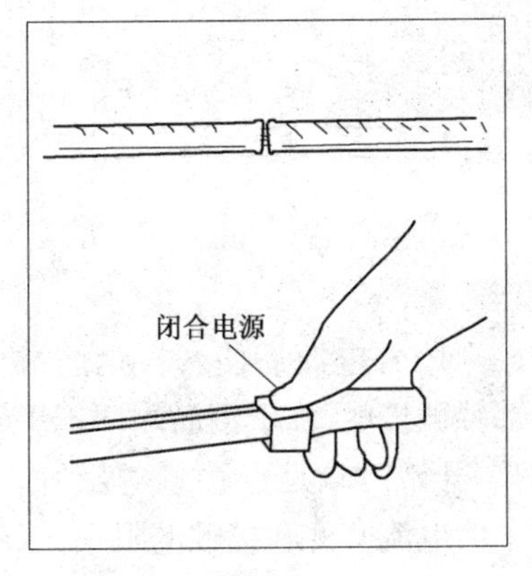

把两根钢筋加牢固后，平稳地闭合电源。

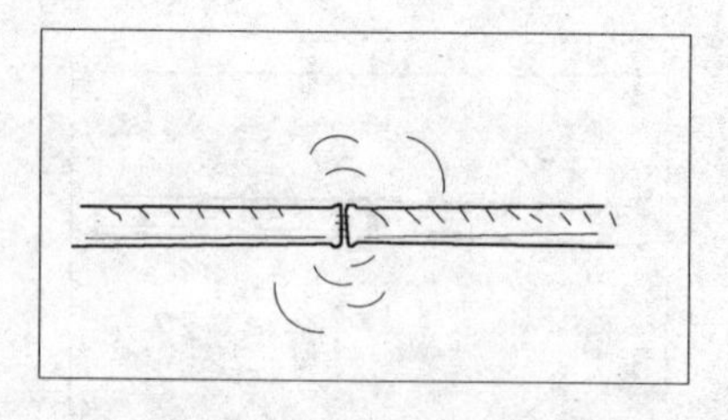

闭合电源后使两根钢筋端部轻微接触，由于钢筋端部不平整，开始时只是点接触，接触面小而电流密度和接触电阻很大，促使接触点熔化并产生金属蒸汽飞溅，形成闪光现象。

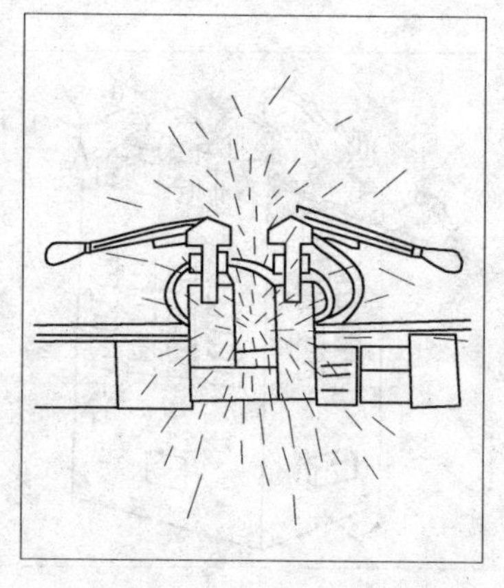

闪光开始时，徐徐地移动钢筋形成连续闪光过程，同时接头也被加热。

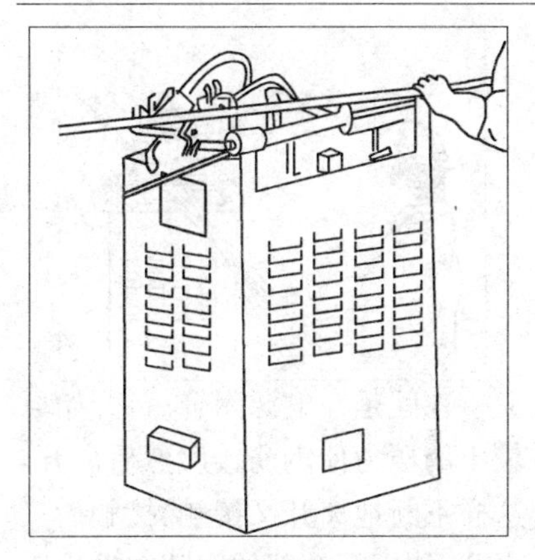

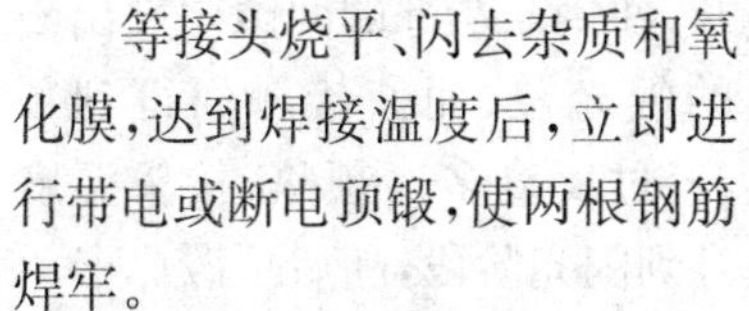

等接头烧平、闪去杂质和氧化膜，达到焊接温度后，立即进行带电或断电顶锻，使两根钢筋焊牢。

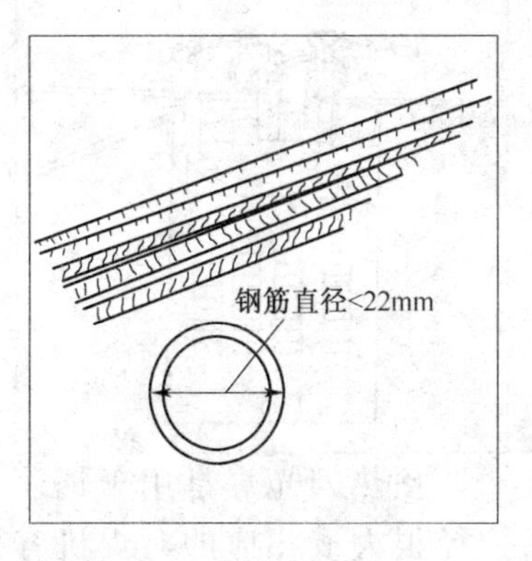

连续闪光对焊是用于焊接直径在 22mm 以内的Ⅰ、Ⅱ级钢筋。

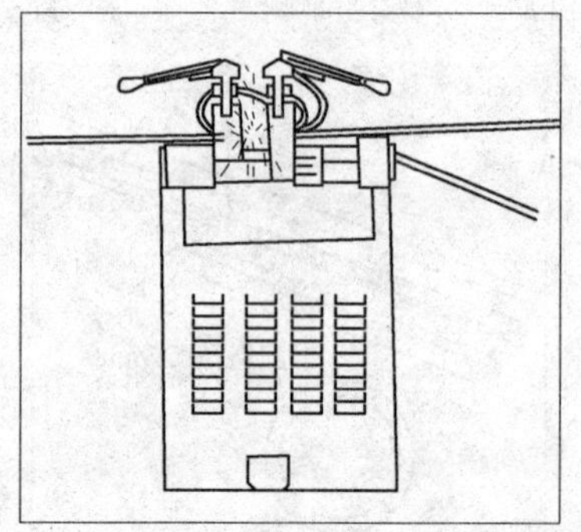

预热闪光焊是用于钢筋直径很大或相应的对焊机容量较小的情况。预热闪光焊是在焊接前增加多次预热过程，以扩大焊接热影响区域。

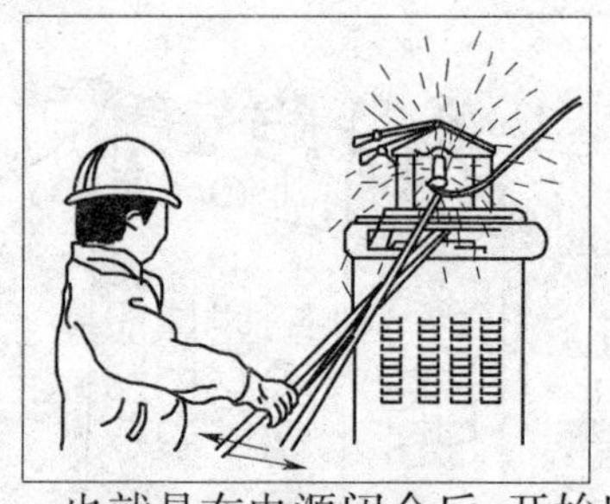

也就是在电源闭合后，开始以较小的压力使钢筋接触然后离开，这样不断地离开又接触、接触后又离开，使钢筋端部的间隙中发出断续的闪光，从而使接触面得到预热，经过反复多次预热，接头温度上升到闪光阶段，随后顶锻焊牢。

闪光—预热—闪光焊是用于钢筋直径较大而且端面不够平整的钢筋。它是在预热闪光焊之前再增加一个闪光过程，目的是把钢筋不平整的部分烧去，使接头平整，以便使整个端面加热温度均匀。在此基础上，再实施预热闪光焊接，这样有利于提高焊接接头的质量。

2. 电渣压力焊

电渣压力焊一般用于钢筋混凝土结构中竖向或斜向钢筋的焊接。

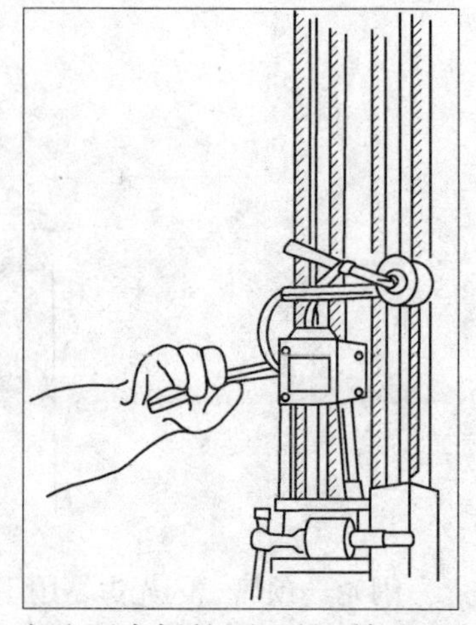

电渣压力焊的原理是:利用电流通过渣池产生的电阻热将钢筋端部熔化,然后施加压力将钢筋焊接在一起。

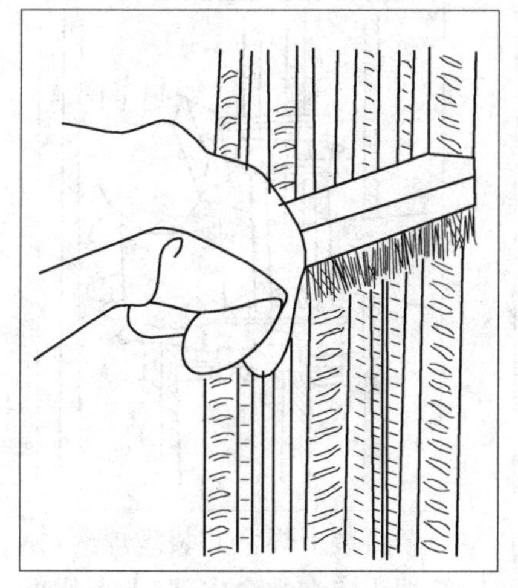

施焊时先将钢筋端部约 150mm 范围内的铁锈和杂质用铁丝刷刷干净。

待刷干净后，用焊接夹具的上下嵌口分别将上下钢筋夹牢。

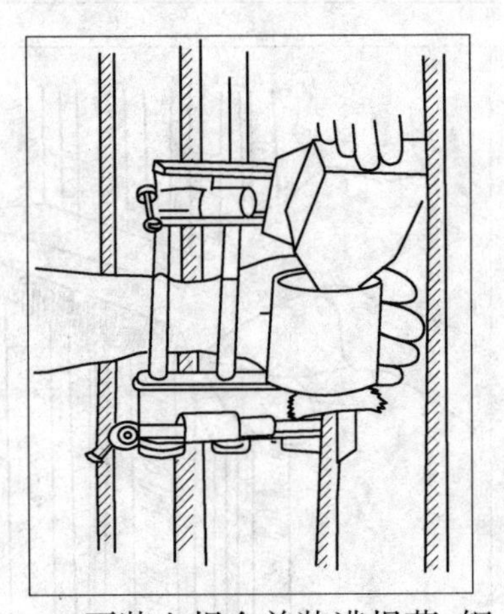

再装上焊盒并装满焊药，钢筋端头应在焊盒中部，上下钢筋的轴线在一条直线上。

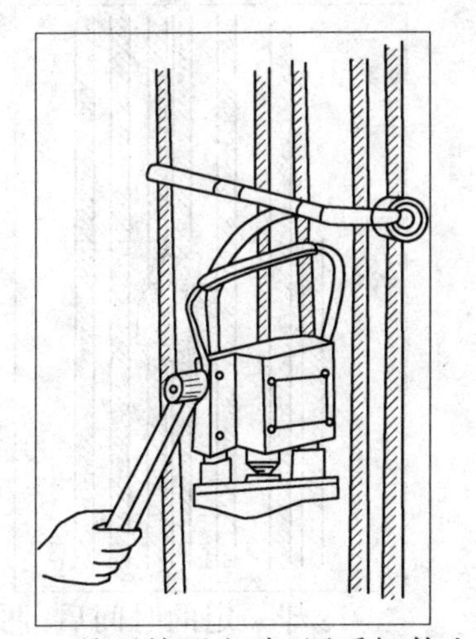

然后接通电路，用手柄使电弧引燃。

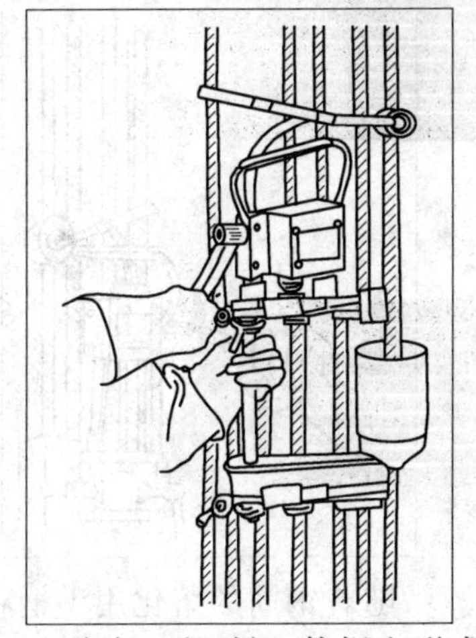

稳定一段时间，使焊盒形成电渣池，并使钢筋熔化。

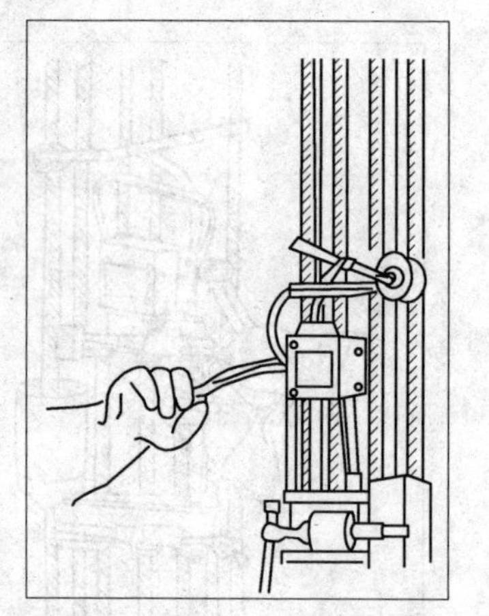

随着钢筋的熔化用手柄将上部的钢筋缓缓下送，最后在断电的同时用手柄夹压顶端形成接头。

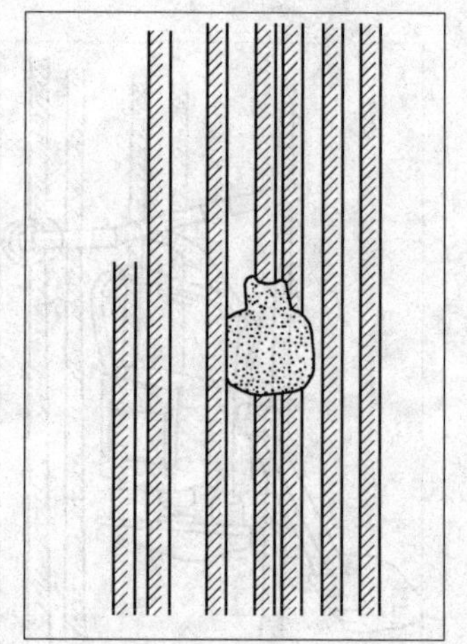

冷却一定的时间后，两根钢筋便焊在一起了。

此后要立即拆除焊盒，回收焊药，拆除夹具和清除焊渣。

3. 电弧焊

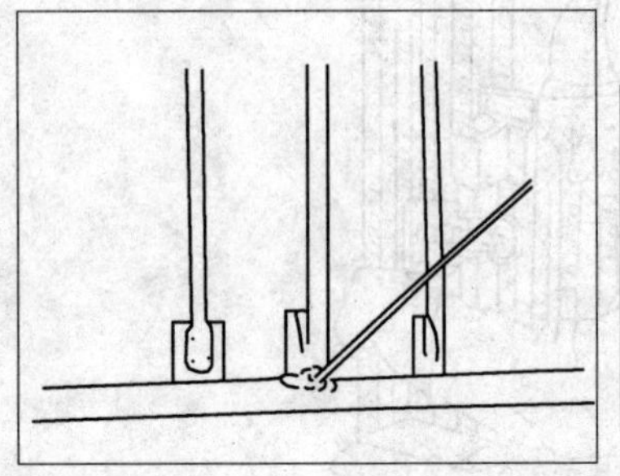

电弧焊是利用弧焊机使焊条与焊件之间产生高温电弧，将电弧燃烧范围内的焊条和焊件熔化，待其凝固后，便形成焊缝接头。

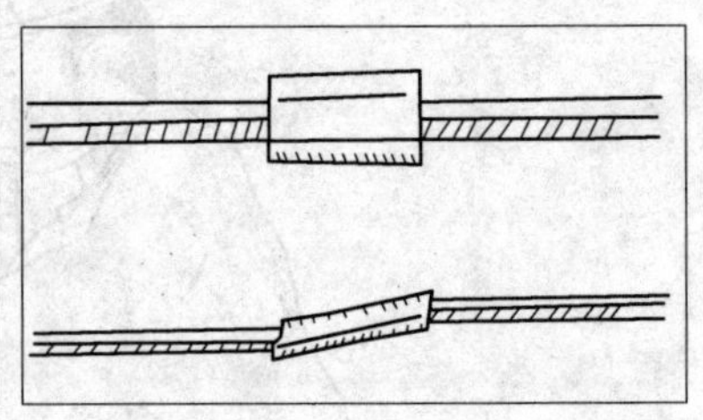

施工现场常用的钢筋电弧焊接头有搭接接头、帮条接头两种形式。

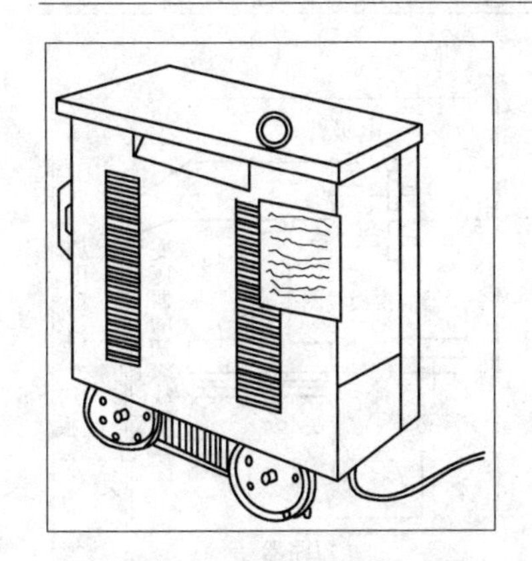

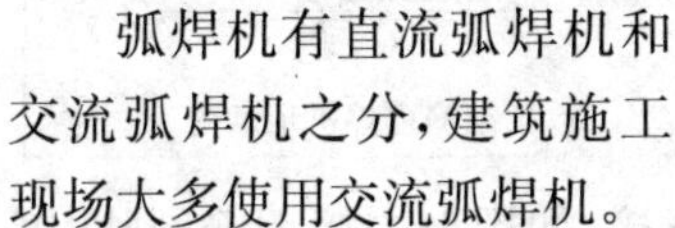

弧焊机有直流弧焊机和交流弧焊机之分，建筑施工现场大多使用交流弧焊机。

在施工现场电弧焊广泛应用于钢筋接头、钢筋骨架的焊接，装配式钢筋混凝土结构接头的焊接，钢筋和钢板的焊接以及各种钢结构的焊接。

4. 电阻点焊

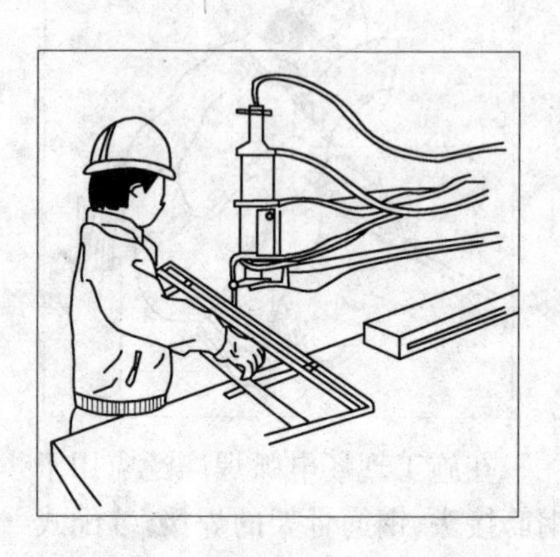

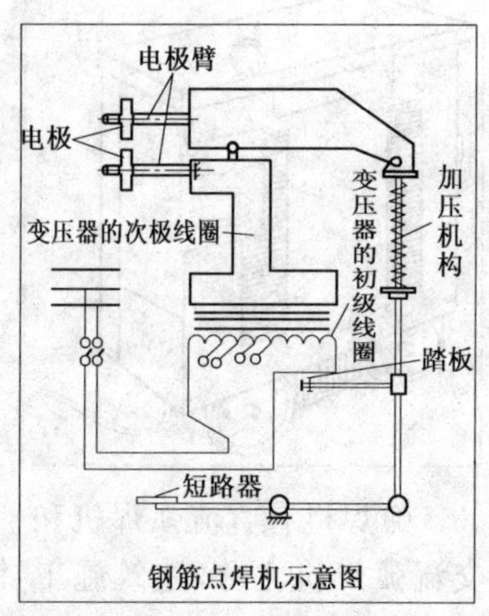

钢筋点焊机示意图

电阻点焊主要用于钢筋的交叉连接，如用来焊接钢筋网片、钢筋骨架等。它的生产效率高，应用比较广泛。

点焊机的工作原理:当钢筋交叉点焊时,接触点只有一点,接触处的电阻很大,接触的瞬间产生巨大能量都集中在一点上,从而使金属熔化,在电极的加压下使焊接的金属得到焊合。

在焊接前，应根据钢筋的级别、钢筋的直径和焊机的性能合理地选择电阻点焊的电流强度、通电时间、电极压力以及焊点压入深度等主要焊接参数。

3.2 钢筋的机械连接

钢筋的机械连接方法主要包括绑扎连接、套管式挤压连接两种，近些年发展起来的锥螺纹连接钢筋的新技术则是一种新型的机械连接方法。

1. 钢筋的绑扎连接

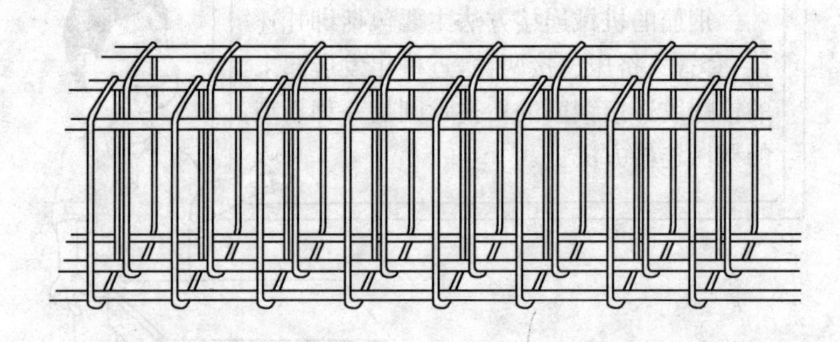

绑扎连接是将钢筋按规定长度搭接,交叉点用铁丝绑牢。绑扎连接是机械连接的主要方法,分为预先绑扎后安装和现场模内绑扎两种。

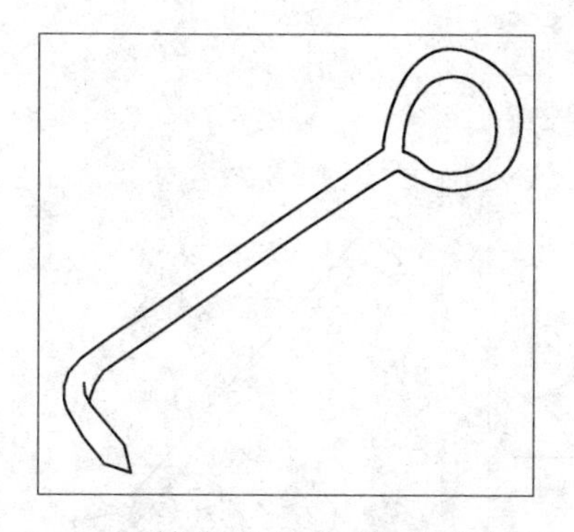

钢筋绑扎的常用工具有铅丝钩。铅丝钩是用的最多的工具，常用直径为 12～16mm、长度为 160～200mm 的圆钢筋加工而成。

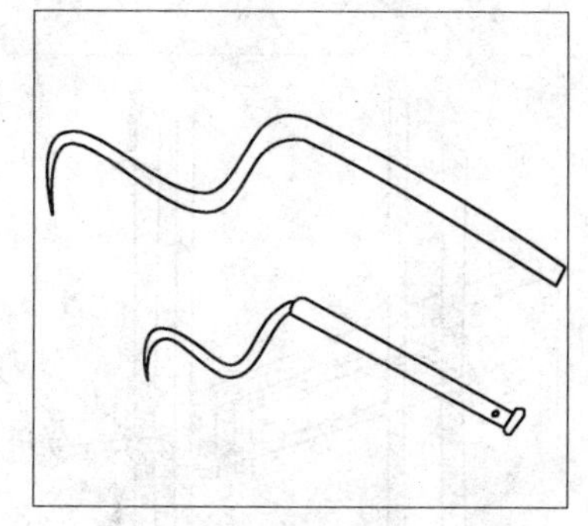

根据工程的需要，有的铅丝钩的尾部加上了套筒。

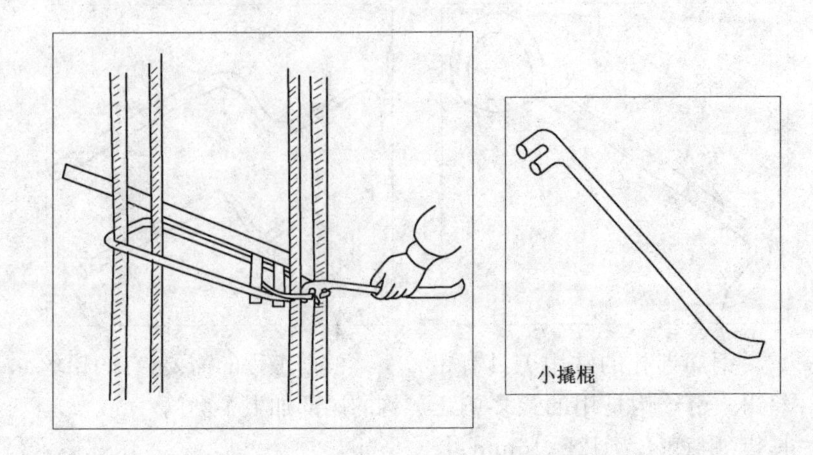

小撬棍主要用来调整钢筋间距、校直钢筋的局部弯曲以及垫混凝土垫块等。

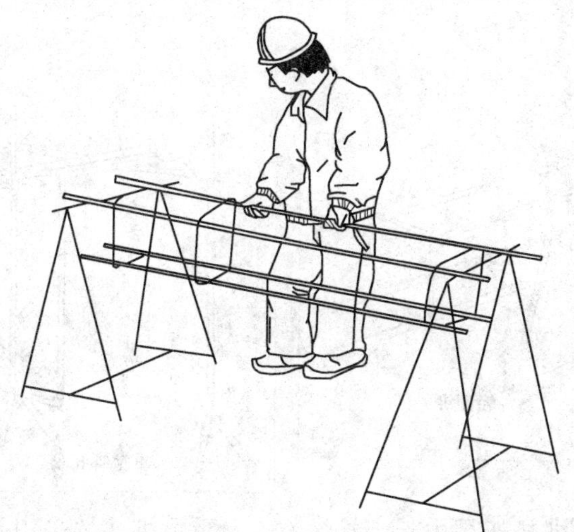

为了确保绑扎质量，绑扎钢筋骨架时必须使用钢筋绑扎架，并且要根据绑扎骨架的轻重和形状，选用相应形式的绑扎架。

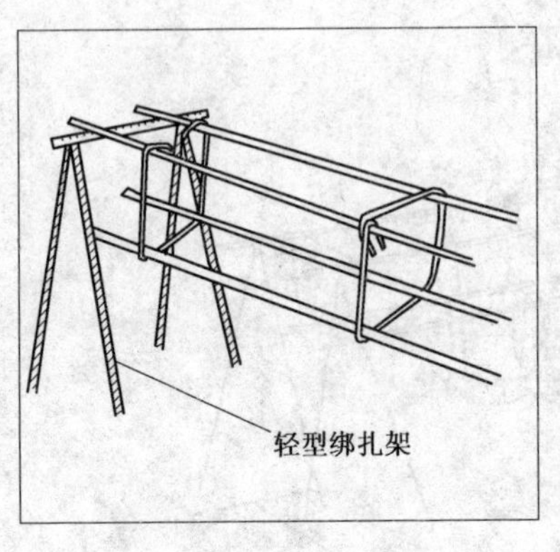

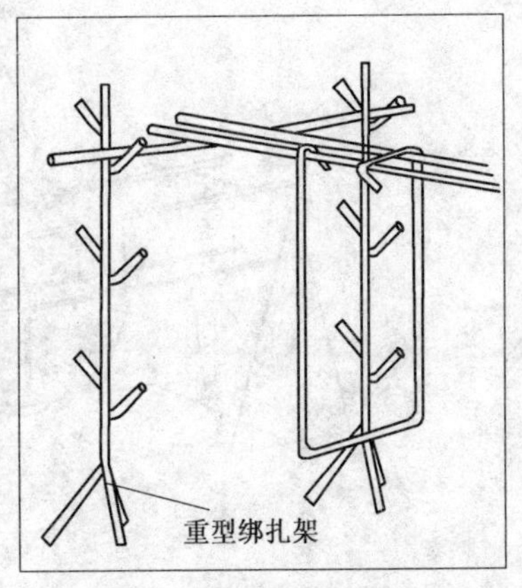

轻型绑扎架是用于绑扎过梁、空心板、槽形板的钢筋骨架。

重型绑扎架是用于绑扎重型的钢筋骨架。

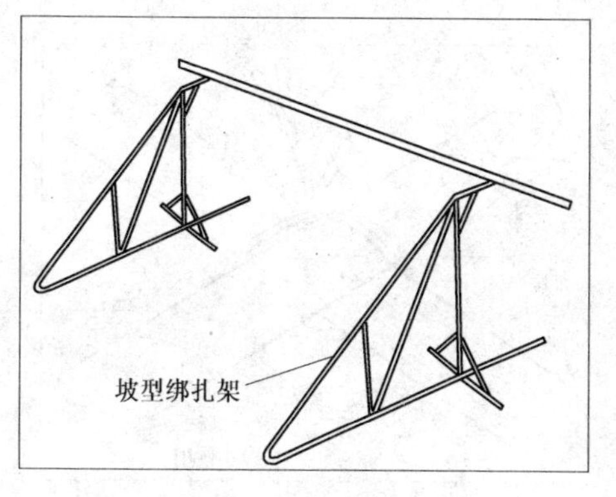

坡型绑扎架是用于绑扎各种钢筋骨架。

钢筋绑扎用的铁丝主要使用绑扎钢筋专用的火烧丝。

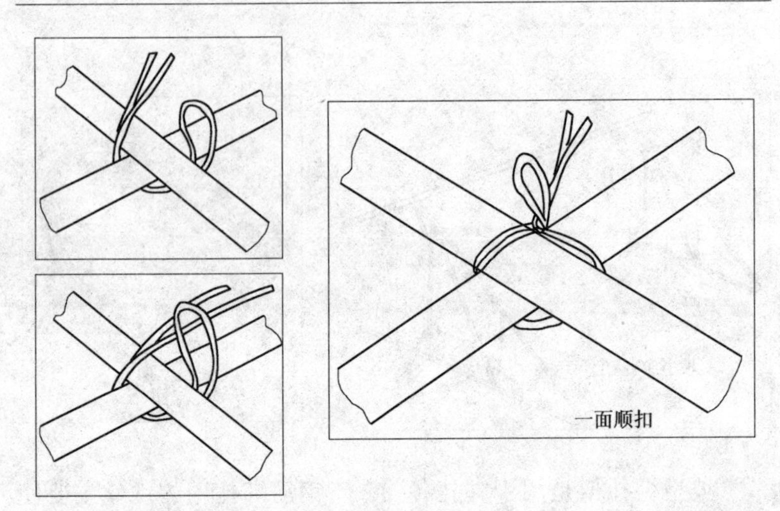

一面顺扣

一面顺扣:用于平面上扣量很多,不易移动的构件,如底板、墙壁等。

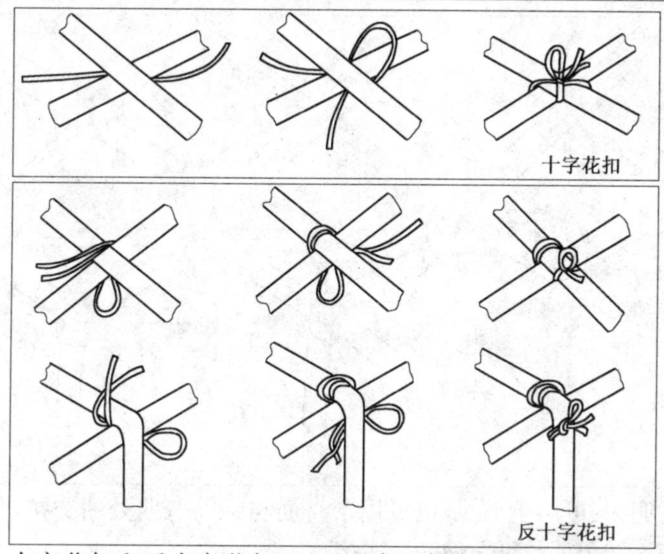

十字花扣和反十字花扣:用于要求比较牢固结实的地方。

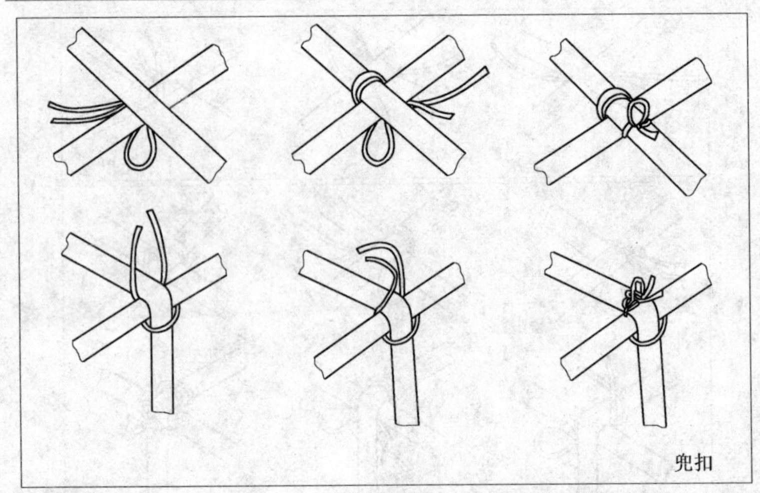
兜扣

兜扣:可用于平面,也可用于直筋与钢筋弯曲处的交接,如梁的箍筋转角处与纵向钢筋的连接。

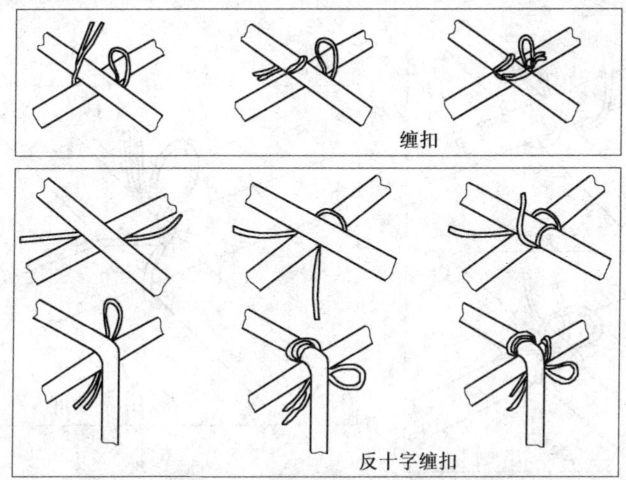

缠扣

反十字缠扣

缠扣:为防止钢筋滑动或脱落,可在扎结时加缠,缠绕方向根据钢筋可能移动的情况确定,缠绕一次或两次均可。缠扣可结合十字花扣、反十字花扣、兜扣等实现。

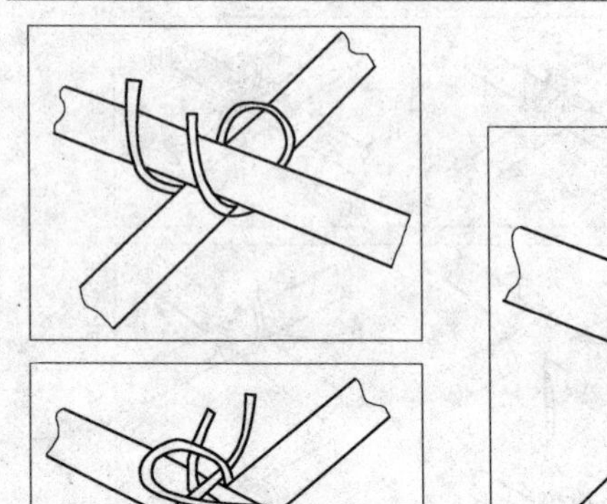

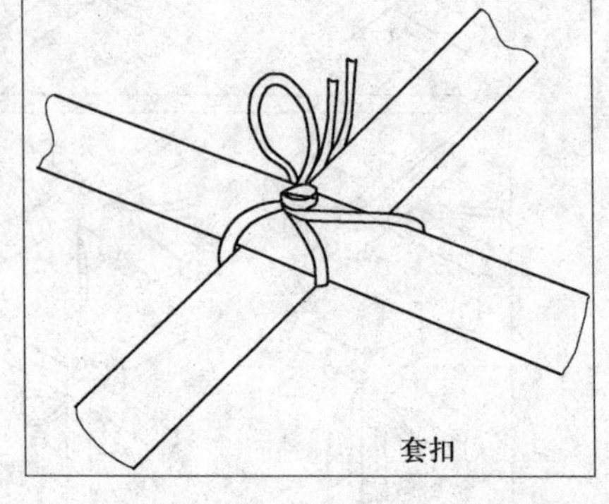

套扣

套扣:为了利用废料,绑扎用的铁丝也有用废钢丝绳烧软破出股比代替的,这种股丝较粗,可预先弯折,绑扎时往钢筋交叉点插套即可,这就是套扣。

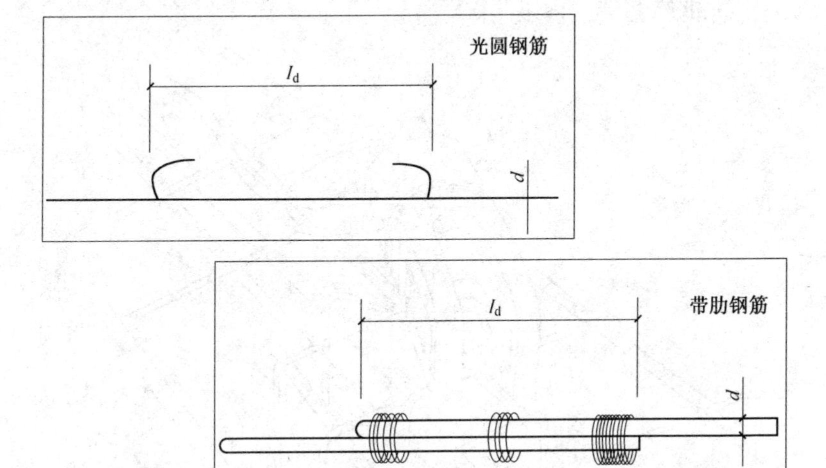

钢筋搭接处，应在中心和两端用镀锌钢丝扎牢，如图所示。

2. 钢筋套管式挤压连接

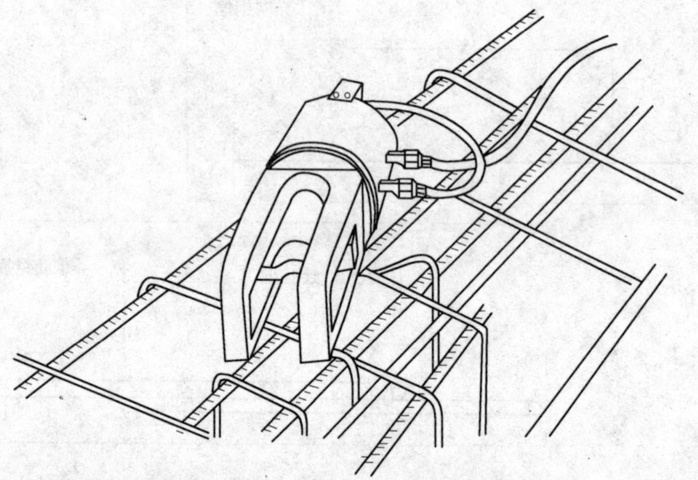

钢筋套管式挤压连接是一种冷压机械连接方式。

套管挤压连接其接头强度高，质量稳定可靠，可用于垂直、水平、倾斜、高空、水下等各方面的钢筋连接。

（1）钢筋套筒径向挤压连接。钢筋套筒径向挤压连接，是采用挤压机沿径向（即与套筒轴线垂直方向）将钢套筒挤压产生塑性变形，使之紧密地咬住带肋钢筋的横肋，实现两根钢筋的连接。

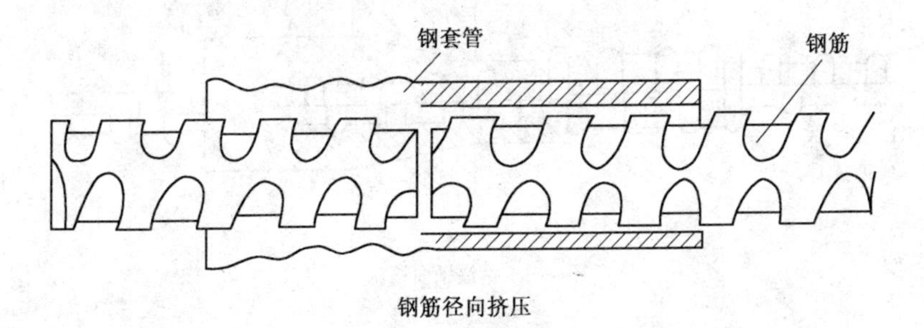

钢筋径向挤压

(2)钢筋套筒轴向挤压连接。钢筋轴向挤压连接，是采用挤压机和压模对钢套筒及插入的两根对接钢筋，沿其轴向方向进行挤压，使套筒咬合到带肋钢筋的肋间，使其结合成一体。

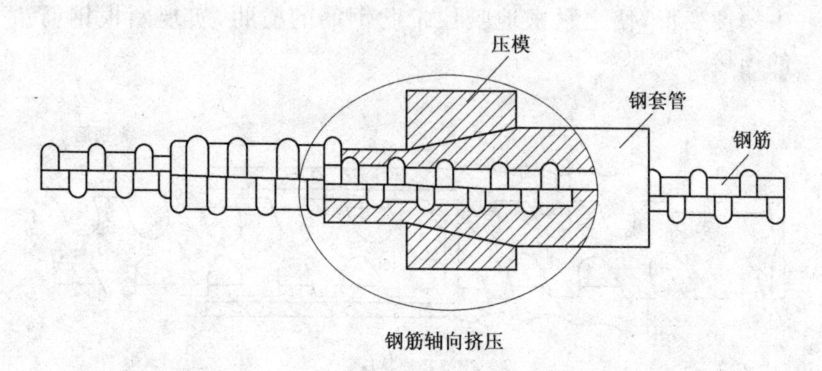

钢筋轴向挤压

工作原理是：

①将两根待接长的钢筋插入钢制的连接套管内。

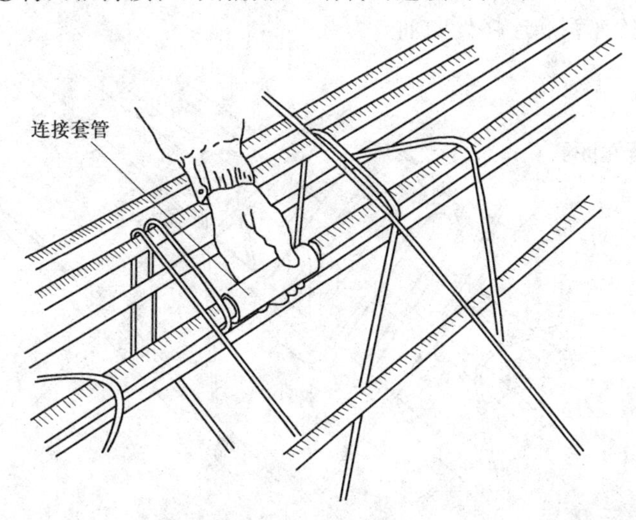

②采用专用液压接钳侧向挤压连接套管，使套管产生塑性变形，从而使套管的内壁变形而嵌入变形钢筋的螺纹内，由此产生剪力来传递钢筋连接处的轴向力。

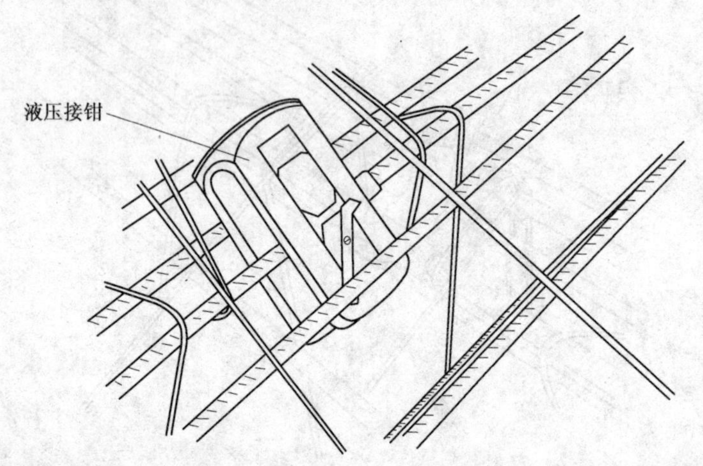

3. 螺纹套筒连接

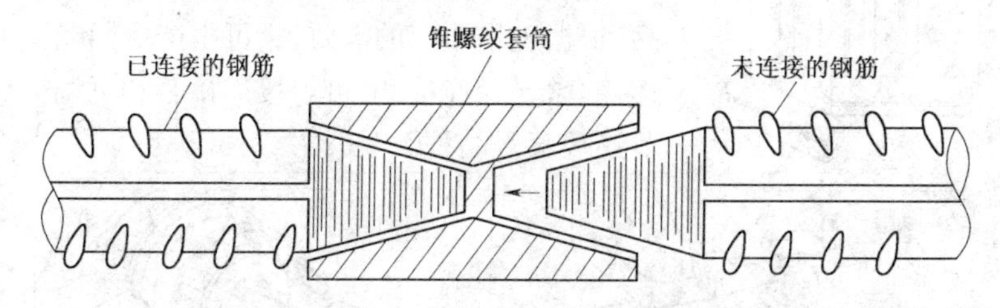

锥螺纹钢筋连接

锥螺纹钢筋接头是利用锥形螺纹能承受轴向力和水平力以及密封性能较好的原理，依靠机械力将钢筋连接在一起。

操作时，先用专用套丝机将钢筋的待连接端加工成锥形外螺纹；然后，通过带锥形内螺纹的钢连接套筒将两根待接钢筋连接；最后利用力矩扳手按规定的力矩值使钢筋和连接钢套筒拧紧在一起。

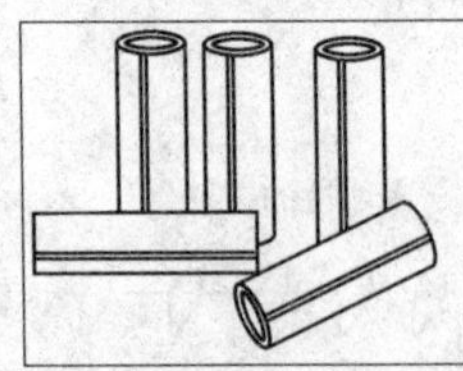

锥螺纹连接套是在工厂加工的定型产品，根据现场施工的需要，它可生产成同径连接套、异径连接套、可焊接连接套和可调节连接套等品种。

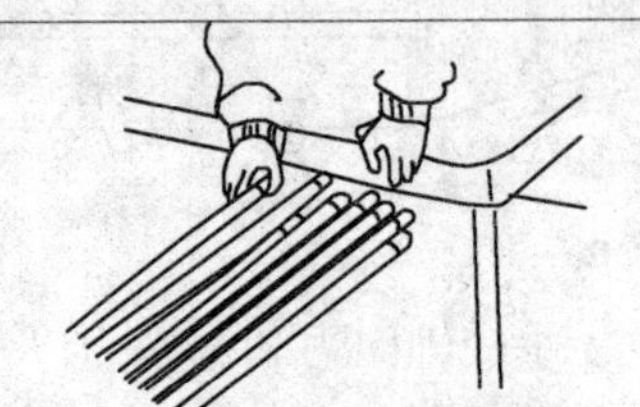

锥螺纹连接套能实现同直径钢筋或不同直径钢筋的连接，钢结构与钢筋混凝土结构之间的连接以及预制骨架钢筋的连接。

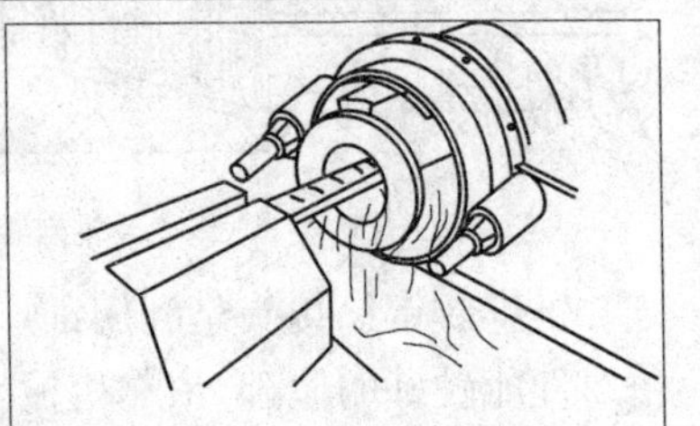

钢筋套丝可在现场用专用的套丝机加工。

连接钢筋之前，先回收钢筋待连接端的保护帽和连接套上的密封盖，并检查钢筋规格是否与连接套规格相同，检查锥螺纹丝头是否完好无损、有无杂质。

连接钢筋时，应先把已拧好连接套的一端钢筋对正轴线拧到被连接的钢筋上，然后用力矩扳手按规定的力矩值把钢筋接头拧紧，不得超拧，以防止损坏接头丝扣。拧紧后的接头应画上油漆标记，以防有的钢筋接头漏拧。锥螺纹钢筋连接方法，见下图。

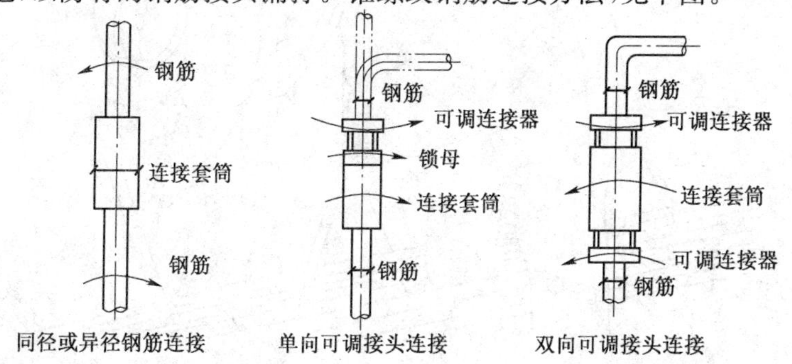

同径或异径钢筋连接　　单向可调接头连接　　双向可调接头连接

锥螺纹连接钢筋方法很简单，使用时将钢筋套丝套入锥螺纹连接套内，只要用扭力扳手把钢筋按规定的力矩拧紧，当听到扭力扳手发出咔哒的声响时，这根钢筋便连接完毕了。

4 钢筋工现场操作注意事项

操作人员必须佩戴安全帽，衣着要灵便，不得穿硬底和带钉易滑的鞋。

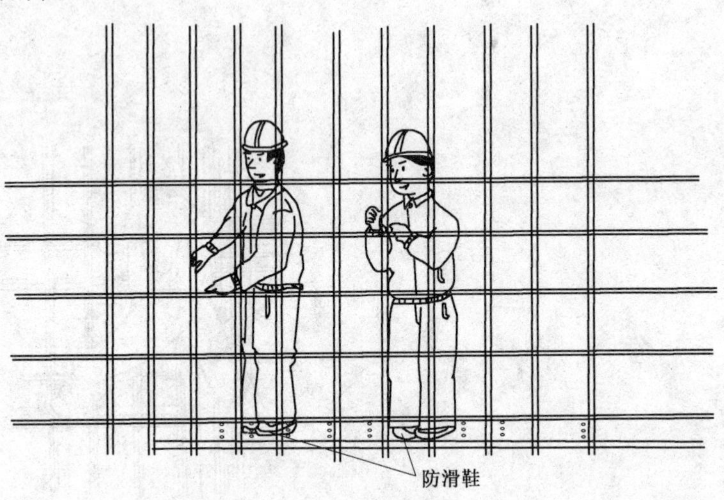

钢筋绑扎时的悬空作业必须遵守下列规定：

(1)绑扎钢筋和安装钢筋骨架时必须搭设脚手架和马道。

(2)绑扎圈梁、挑檐、外墙和边柱等钢筋时,应搭设操作台架和张挂安全网。

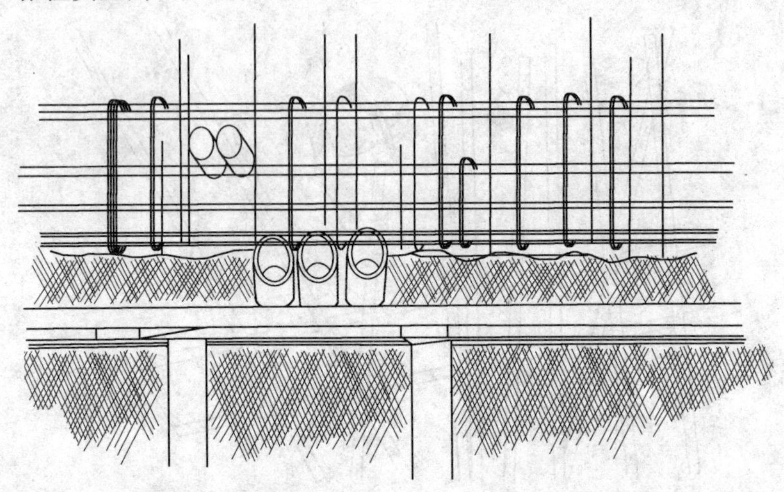

(3)绑扎立柱和墙体钢筋时,不得站在钢筋骨架上或攀登骨架上下。

(4)绑扎 3m 以上的钢筋必须搭设操作台。

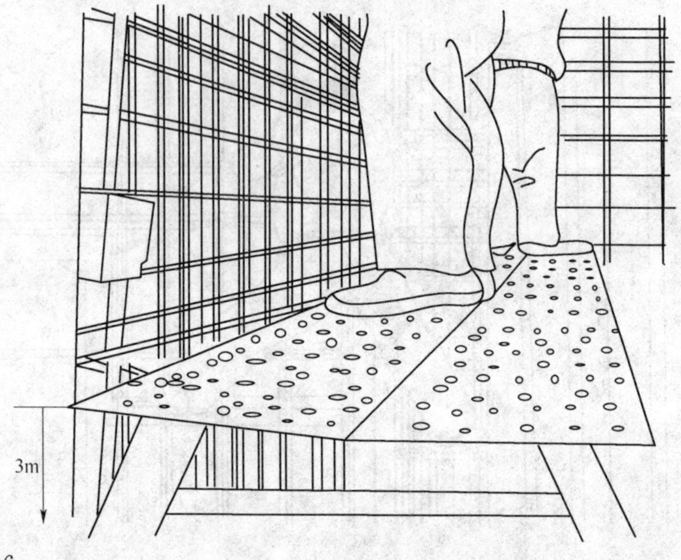

绑扎好的平台钢筋不准踩踏或放置重物,避免钢筋的变形。

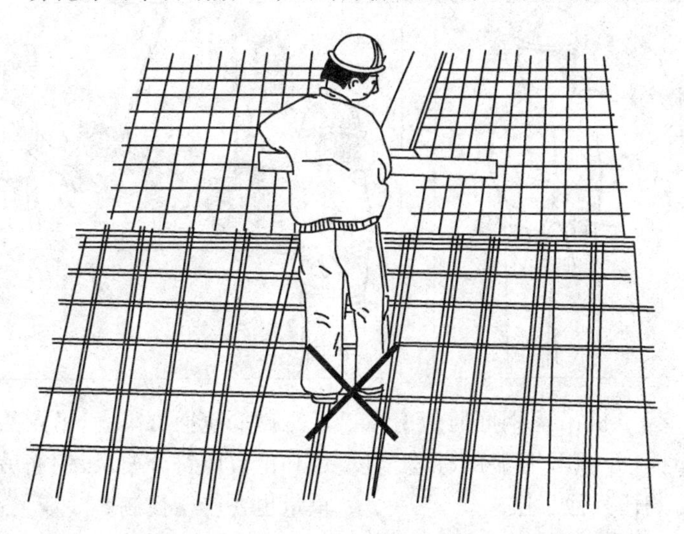

起重机吊运钢筋时应有专人指挥,并佩戴明显的标志,且不得兼任其他工作。

钢筋应捆绑牢固,吊点的数目和位置应符合要求,钢筋吊装重量也要严格控制。

起重机作业时，重物下方不得有人停留或通过。

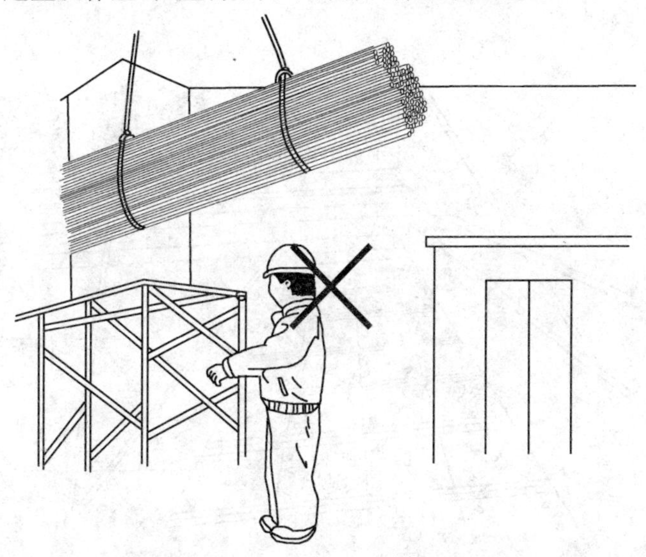

人力垂直运送钢筋时应预先搭设马道，并加护身栏杆，马道上不准堆料。

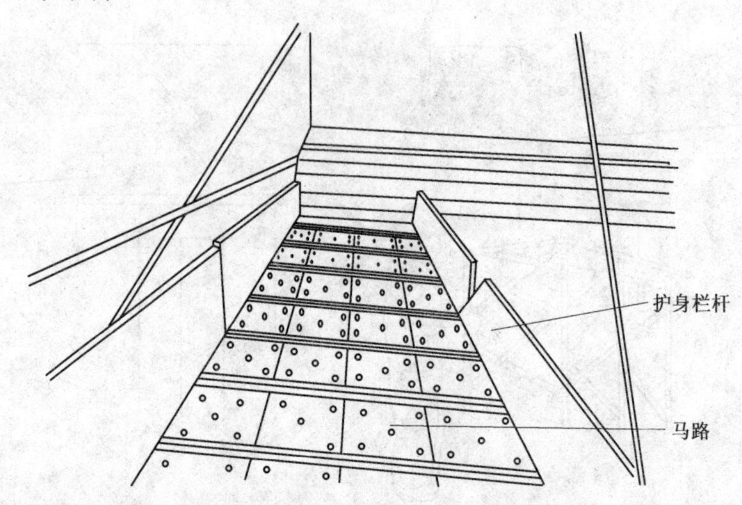

钢筋工程属于隐蔽工程，在灌注混凝土之前必须进行检查验收，检查钢筋的品种、级别、规格、数量和间距是否符合设计要求，最后填好隐蔽工程记录。

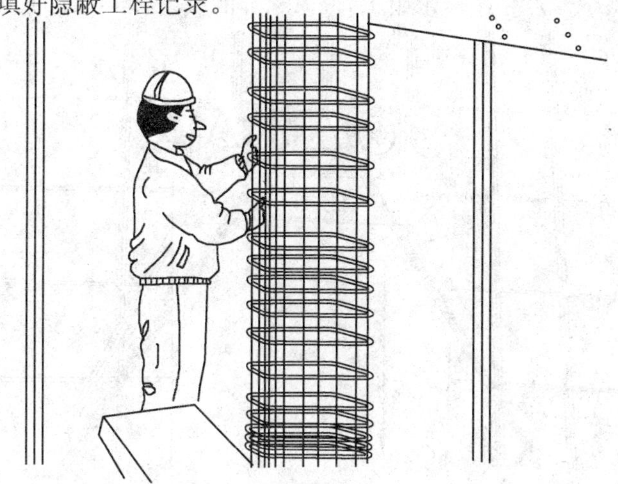

钢筋工工作的质量如何不仅影响建筑物的正常使用功能，而且直接影响到建筑物的安全存在，因此，希望广大农民工朋友们应该认真学习、严格按规范施工，祝大家都能成为合格的钢筋工。

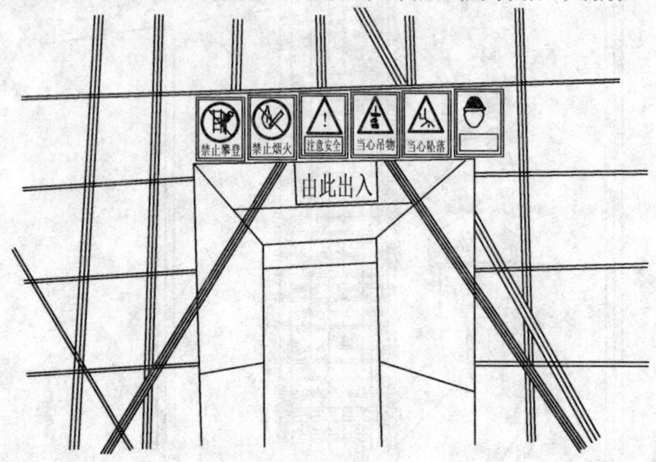